Preparados para la próxima pandemia

IGNACIO
LÓPEZ-GOÑI

Preparados para la próxima pandemia

Reflexiones desde la ciencia

DESTINO Referentes
Volumen 7

© Editorial Planeta, S. A. (2020)
Ediciones Destino es un sello de Editorial Planeta, S. A.
Diagonal, 662-664. 08034 Barcelona
www.edestino.es
www.planetadelibros.com

Primera edición: noviembre de 2020

ISBN: 978-84-233-5825-0
Depósito legal: B. 17.729-2020
Preimpresión: Realización Planeta
Impreso por Liberdúplex, S. L.
Impreso en España - Printed in Spain

El papel utilizado para la impresión de este libro está calificado como **papel ecológico** y procede de bosques gestionados de manera **sostenible**.

Por las familias que no pudieron despedirse
de sus seres queridos con un ultimo adiós.
Nunca más

ÍNDICE

Prólogo

Probablemente el impacto que acabe teniendo la pandemia de COVID-19 en nuestra historia sea incluso mayor que el de los dos grandes eventos que han marcado el final del siglo XX y el inicio del XXI: la caída del muro de Berlín en 1989 y el atentado a las Torres Gemelas del 11 de septiembre de 2001. Aunque ha habido otras pandemias a lo largo de la historia, la tremenda rapidez y el sigilo con los que se ha extendido por todo el planeta el SARS-CoV-2 ha eclipsado otras epidemias recientes. Los estragos que está causando —la pérdida de vidas humanas, la alteración de la cotidianidad de miles de millones de personas y el daño económico— tienen una repercusión trascendental y de largo alcance. Había habido varios avisos sobre la posibilidad de una pandemia, pero esta nos ha cogido prácticamente a todos desprevenidos y sin preparación. La falta de liderazgo y coordinación, la excesiva politización, el retraso en la acción, una población envejecida y una década de austeridad y reducciones en la salud pública y la investigación han sido algunas de la causas de que España haya sido uno de los países donde la pandemia ha tenido un efecto más duro. La solución solo puede venir de la ciencia y la tecnología: jamás hemos estado mejor preparados para combatir una crisis sanitaria como la actual. En poco más de seis meses conocemos más del nuevo coronavirus que de otras enfermedades en lustros. Pero, por otra parte, la investigación tiene su ritmo y la pandemia también ha puesto de manifiesto las *vergüenzas* del mundo de la ciencia. El nivel de incertidumbre sigue siendo muy alto. Junto a la valiosísima información que se ha generado también han surgido fraudes, desinformación, malas interpretaciones y bulos interesados. El exceso de información científica ha cuestionado la propia manera de comunicar la ciencia. Todavía no sabemos cómo terminará esta historia, quizá sea pronto para hablar de la manera de prepararnos para la próxima pandemia, pues todavía estamos inmersos en esta, pero una mirada crítica desde la ciencia nos puede ayudar a controlar la situación o, al menos, a replantear y repensar algunas decisiones. Ha habido distintas estrategias según los países, pero prácticamente todas han tenido un efecto similar, dado que controlar una pandemia es muy complicado, por eso es una pandemia. Sin embargo, la rapidez en la respuesta, la transparencia en la información y la cooperación a todos los niveles son y serán esenciales. Se necesitan líderes capaces de enfrentarse a este tipo de retos globales. Se necesita una apuesta decidida por la ciencia: hay que gastar al menos lo mismo que en defensa porque el enemigo es mucho más peligroso. En estos momentos volvemos a mirar a la ciencia, a la que hemos tenido estrangulada durante décadas. Se necesita una visión de la salud mucho más amplia, que incluya al ser humano, la salud animal y el medio ambiente. Ahora más que nunca debemos darnos cuenta de que nuestra acción en el planeta tiene consecuencias globales. Somos parte de un todo y nuestra misión es cuidar de la casa común. Estudiar más, investigar más para servir mejor. La ciencia debe estar al servicio del ser humano y del resto de las criaturas del planeta. Las pandemias pueden durar más o menos, pueden reactivarse en oleadas y rebrotes, pero todas han acabado mitigándose. Su intensidad y duración pueden depender de lo que hagamos. Por eso hay motivo para la esperanza.

¿Puede un virus cambiar el mundo?

Con esta frase comenzaba un curso online titulado «Pandemias: nuevas infecciones virales». Los virus no son células, infectan células. Los científicos todavía discutimos si son realmente seres vivos. Los virus son un conjunto de ácidos nucleicos, unas pocas proteínas y una envoltura de lípidos que secuestran la célula. Un virus, un minúsculo virus diez mil veces más pequeño que un milímetro, ha sido capaz de cambiar el mundo. Pequeños, sencillos, simples, pero una de las mayores amenazas de la humanidad. Así son los virus.

Desde hace años, la OMS publica una lista de enfermedades infecciosas sobre las que hay que priorizar la investigación y el desarrollo de estrategias de tratamientos y vacunas preventivas. En su última actualización, de 2018, describía una lista de ocho microorganismos patógenos o enfermedades que suponen una amenaza por su potencial epidémico: el virus hemorrágico Crimea-Congo, las enfermedades por Ébola y Marburgo, el virus Lassa, la infección por virus Nipah, la fiebre del valle del Rift, el zika, los coronavirus SARS y MERS... y la *enfermedad X*. ¿Qué era la *enfermedad X*? Con este misterioso término, los especialistas se referían a una posible enfermedad desconocida causada por un microorganismo patógeno nuevo capaz de producir una gran epidemia. Con ello, la OMS quería alertar de que había que estar preparados para que en cualquier momento y en cualquier lugar apareciera una nueva pandemia mundial. Se sugería que probablemente el causante de esa *enfermedad X* sería un virus de origen animal cuyos síntomas se podrían confundir con otras enfermedades, como la gripe, y que se propagaría rápida y silenciosamente, probablemente por vía respiratoria. La globalización favorecería la extensión de esta enfermedad por todo el planeta y dificultaría su contención. En 2007, un grupo de investigadores de la Universidad de Hong Kong publicó un artículo en la revista *Clinical Microbiology Reviews* sobre el coronavirus

SARS (Síndrome Agudo Respiratorio Severo), que causó la epidemia de 2003 (que luego detallaremos). Literalmente decía: «La presencia de una gran cantidad de virus similares al SARS en reservorios como los murciélagos de herradura y los mamíferos exóticos que se consumen en el sur de China es una bomba de relojería». Estábamos avisados, y lo que tenía que ocurrir ocurrió.

El 31 de diciembre de 2019 las autoridades chinas informaron a la OMS de un brote de neumonía severa atípica de origen desconocido que había afectado a cuarenta y una personas en Wuhan, una ciudad con una población de once millones de habitantes situada en el centro del país. Siete de los infectados estaban en estado grave, pero de momento no había ningún fallecido. Entonces, según las autoridades chinas, no había pruebas de que la enfermedad se transmitiera entre humanos ni de que hubiese contagios entre el personal sanitario, algo que luego, el 14 de enero, sí fue confirmado por la Organización Mundial de la Salud. Los primeros datos sugerían que el inicio de la infección estaba relacionado con un mercado donde se vendía pescado, marisco y animales vivos, algunos de ellos silvestres o exóticos (aves, murciélagos, marmotas...). El 10 de enero se publicó en la versión online de la revista *Investigación y Ciencia*, con el título «La historia se repite: ¿un nuevo coronavirus en China? Los coronavirus de animales *saltan* al ser humano», el que quizá haya sido el primer artículo en lengua castellana sobre este tema. Dos días después, el 12 de enero, China notificó el primer fallecimiento. Durante el mes de enero de 2020 el mundo asistió a unas medidas sin precedentes del Gobierno chino: se aislaron en una cuarentena estricta la ciudad de Wuhan y la región entera de Hubei, es decir, a más de sesenta millones de personas; se construyeron hospitales con miles de camas en un tiempo récord; se cerraron las comunicaciones con otras regiones de China; se suspendieron vuelos internacionales y se cerraron las fronteras con el exterior.

La ciudad de Wuhan, para muchos desconocida hasta entonces, es uno de los núcleos de comunicación del país gracias a su situación; un gran número de trenes y aviones de China pasan por Wuhan. Para complicar más la situación, el 25 de enero se celebraba el Año Nuevo chino, una semana de vacaciones en la que se esperaba que cientos de millones de personas se desplazaran por todo el planeta. Lo mejor para un virus: mucha gente, muy junta y moviéndose. En esa fecha, el 25 de enero, oficialmente solo se contabilizaban 1.303 casos de personas infectadas y 41 fallecidos, muchos de ellos mayores de sesenta años. Pero ya eran trece ciudades chinas en cuarentena. Se empezaron a confirmar algunos pocos casos aislados en otros países, todos relacionados con viajes desde Wuhan u otras regiones chinas. Todavía no se había detectado ningún caso de transmisión entre personas fuera de China. Día a día el número de infectados fue creciendo y, como un goteo, poco a poco, fueron apareciendo más casos en otros países.

El 30 de enero, la OMS decide declarar la emergencia sanitaria internacional. Ya había dieciocho países con personas contagiadas, se habían dado algunos casos de transmisión entre humanos en al menos cuatro países fuera de China y se habían detectado casos de transmisión del virus durante el periodo de incubación sin síntomas. Esa medida, la primera llamada de alerta de la OMS sobre la situación, permitía trabajar de manera conjunta para combatir lo que entonces era solo una epidemia en China. La declaración de emergencia sanitaria internacional es la máxima calificación de emergencia posible, pero muchos entonces pensábamos que no había motivos para la alarma: a finales de enero todavía más del 98 por ciento de los casos (y todos los fallecimientos) habían ocurrido en China. Este nuevo virus parecía más transmisible que otros coronavirus anteriores, como el SARS, pero mucho menos letal.

Aun así, el goteo continuó. Al día siguiente, el 31 de enero, el Centro Nacional de Microbiología del Instituto de Salud Carlos III confirmó el primer caso de coronavirus detectado en España. Se trataba de un turista alemán que se encontraba en la isla de La Gomera de vacaciones, pero que había tenido contacto en su país con una persona infectada que había vuelto de China. Se encontraba bien y sin síntomas. Se procedió a su aislamiento y al de sus compañeros de viaje. Unos días después, el 9 de febrero, se confirmó un nuevo caso, esta vez en Mallorca: se trataba de otro turista, un ciudadano británico que había estado en contacto con una persona contagiada en Francia y que después había viajado a Baleares, donde se le había detectado el virus. También se encontraba bien. En ese momento, todavía no se había detectado transmisión del virus entre personas en España, y muchos pensábamos que eran casos esporádicos, todos importados de otros países o relacionados con viajes, por lo que eran muy fáciles de detectar, controlar y aislar. No lo estábamos viendo, pero el virus ya estaba circulando entre nosotros y extendiéndose a gran velocidad. El 12 de febrero, cuando muchas empresas habían suspendido ya su participación, se decidió cancelar el Mobile World Congress de Barcelona, un congreso internacional que debía reunir a miles de personas de todo el mundo. Las consecuencias en ese momento ya fueron millonarias, aunque todavía no éramos conscientes de lo que se nos venía encima.

Sin embargo, el 21 de febrero comenzaron a llegar buenas noticias: China anuncia una tendencia a la baja en el número de hospitalizaciones, el número de nuevos casos diarios comenzaba a disminuir. Los datos indicaban que las estrictas medidas de control y cuarentena aplicadas por el Gobierno chino estaban surgiendo efecto. Pero eso solo lo podían hacer los chinos... o eso pensábamos entonces. A finales de febrero todo era incertidumbre. La enfermedad ya se había detectado en treinta y un países, pero en muchos no fueron capaces de detectar circulación del virus. Se trataba de casos importados, la mayoría todavía relacionados con viajes desde China. Todo parecía bajo control. Muchos seguían pensando que aquello era un problema de China y que China lo estaba controlando. En definitiva, se pensaba que ocurriría lo mismo que pasó con el coronavirus SARS, que apareció en China a finales de 2002, se extendió a veintinueve países (aunque solo hubo transmisión en cuatro o cinco), se controló y desapareció (el último caso ocurrió en mayo de 2004). El SARS causó poco más de 8.000 infectados y 774 muertos.

Pero a principios de marzo empezaron a llegar las primeras noticias preocupantes de un aumento de casos en Irán, Italia y Corea del Sur. Y la pandemia estalló. El 11 de marzo la OMS asegura que están altamente preocupados por la extensión de la enfermedad y decreta el estado de pandemia, epidemia a nivel mundial. Era la segunda vez que la OMS declaraba una pandemia en el siglo XXI (la primera fue a causa de la gripe A de 2009). Con claridad, la OMS afirmó: «Esta no es solo una crisis de salud pública, es una crisis que afectará a todos los sectores, por lo que cada sector y cada individuo deben participar en la lucha. Desde el principio, se afirmó que todos los países debían adoptar un enfoque coordinado entre Gobiernos y sociedad, construyendo una estrategia integral para prevenir infecciones, salvar vidas y minimizar el impacto. Se recuerda a todos los países la necesidad de activar y ampliar sus mecanismos de respuesta de emergencia para frenar el coronavirus COVID-19. Aconsejamos que estén en permanente contacto con su población de riesgo y les alerten de cómo pueden protegerse. También deben localizar, aislar y diagnosticar cada caso de coronavirus COVID-19». Era el 11 de marzo. El mensaje era claro y contundente, había que prepararse para lo peor y había que imitar a China, que nos había dado más de un mes de ventaja. El virus ya había estallado con toda su virulencia en el norte de Italia. Allí comenzaron a aplicar las mismas medidas de confinamiento y aislamiento que en China. Se empezaron a aislar pueblos y regiones enteras. Aquí seguíamos discutiendo si aquello era o no *una gripe fuerte*. Unos días antes, el 8 de marzo, se había celebrado en Madrid una manifestación masiva promovida por el propio Gobierno de la nación. Hoy nadie duda de que aquella manifestación y los mítines, partidos de fútbol y competiciones deportivas de esos días fueron un tremendo error de cálculo.

Dos días después de las declaraciones de la OMS comenzaron las primeras medidas de restricción en España. Primero se cerraron los colegios y las universidades, luego se suspendió la liga de fútbol. El 14 de marzo se decretó el estado de alarma en todo el país: una medida excepcional de confinamiento y aislamiento. Se cerraron teatros, cines y hoteles, se clausuraron los parques, se cancelaron viajes y reuniones, se cerraron las fábricas. No estaba permitido salir de casa, salvo para actividades esenciales: comprar alimentos, ir a la farmacia y al médico y poco más. Solo se permitieron los servicios mínimos. Habían pasado cuarenta y tres días desde el 31 de enero, fecha del primer diagnóstico en España. Aquella clausura duró cien días, en los que todos nos tuvimos que quedar en casa. Para la mayoría de nosotros, aquello fue lo más parecido a una guerra.

Pero esto no solo afectó a España. Más de la mitad de la población mundial quedó confinada en sus casas. Mientras el número de infectados y de fallecimientos aumentaba exponencialmente, los países adoptaban distintas estrategias para contener el virus. Miles de millones de personas tuvieron que quedarse en casa, creando pueblos, ciudades y naciones fantasma. Algo sin precedentes. El planeta quedó prácticamente paralizado. Los viajes internacionales fueron totalmente anulados, las fronteras, cerradas. Un virus había conseguido lo que ninguna otra amenaza había logrado antes. Fue peor que el peor de los ataques terroristas. El daño social y económico fue inmenso. El desplome económico mundial fue tremendo; algunos lo compararon con la Gran Depresión, la gran crisis financiera mundial que se prolongó durante la década de 1930. Las bolsas se hundieron, el precio del petróleo llegó incluso a estar en negativo, el número de parados se contabilizó en millones. La cooperación entre los Gobiernos de las distintas naciones fue nula. Europa fue incapaz de mantener a flote los sistemas sanitarios, que llevaban años mal financiados, incapaz de lograr que sus estados miembros se ayudaran unos a otros, incapaz de dar una respuesta rápida a una crisis que avanzaba a toda velocidad.

Aun así, en España, la lentitud en responder adecuadamente, la mala gestión y la descoordinación, la falta de unidad y la excesiva politización han hecho que este sea uno de los países con mayor número de afectados, mayor número de fallecimientos, mayor número de personal sanitario infectado y mayor número de ancianos fallecidos en residencias en proporción al número de habitantes. En menos de dos semanas se colapsó el sistema sanitario, faltaron camas de UCI, se improvisaron hospitales de campaña, hubo escasez de material de protección (equipos de protección individual, mascarillas, gafas); hasta se tuvo que habilitar el Palacio de Hielo de Madrid como una gran morgue, con imágenes que recordaban las viejas fotografías de inmensos pabellones llenos de enfermos durante la pandemia de gripe de 1918. El virus hizo estragos en la población de riesgo, los ancianos y las personas con patologías previas. Cerca de un

68 por ciento de todos los fallecimientos ocurrieron en residencias de ancianos, que fueron incapaces de resistir el golpe. Miles de personas fallecieron solas sin el consuelo de un familiar a su lado, sin la posibilidad de un último adiós.

El crecimiento de la pandemia fue exponencial. En España, si el día 2 de marzo se habían contabilizado alrededor de ochocientos casos, veinte días después eran más de cien mil. En tan solo seis meses, el virus se había extendido por más de 220 países y se habían contabilizado más de 20 millones de afectados y cerca de 750.000 fallecimientos en todo el mundo (según los datos del mes de agosto de 2020). Los países fueron adelantándose unos a otros en el número de afectados y fallecimientos: primero fueron Italia y España, luego Francia, el Reino Unido y Estados Unidos, a los que siguieron Brasil, India, Rusia, Perú, Chile, México... En España, para el verano, llegó a haber más de 250.000 casos y más de 28.000 fallecimientos confirmados. Pero muy probablemente el número de fallecimientos relacionados con la pandemia haya sido mucho mayor. Los datos oficiales contabilizan las personas fallecidas sometidas a una prueba de diagnóstico por PCR, un test molecular que permite detectar el genoma del virus. Pero ha habido muchas personas que han fallecido sin que se les hayan hecho las pruebas diagnósticas, que han muerto fuera de los hospitales, en sus domicilios o en residencias de ancianos y no aparecen en las estadísticas. En los meses más duros de la pandemia en España, de marzo a junio, se registraron unas 43.000 muertes más de las esperadas en una situación normal, lo que supone un 42 por ciento de exceso. Eso incluye las casi 28.000 muertes confirmadas por COVID-19 y otras 15.000, aproximadamente, que constan en los registros civiles pero que no cuentan como víctimas del virus, aunque muchas de ellas probablemente lo hayan sido: los efectos colaterales de la pandemia.

De todas formas, poco a poco, las estrictas medidas de confinamiento a las que fue sometida la población surtieron su efecto y la curva epidémica se doblegó; pero nadie descartaba que pudiera haber rebrotes o una segunda oleada.

La situación económica después de tres meses de confinamiento era critica, así que en España se priorizaron el ocio, las vacaciones de verano y el turismo. Durante todo el verano fue aumentando la detección de brotes aislados de casos asintomáticos, algo que cabía esperar teniendo en cuenta que habíamos estado tres meses confinados y que solo alrededor de un 10 por ciento de la población española había llegado a tener contacto con el virus. Pero aunque la situación no parecía alarmante, la evolución, la tendencia, sí era muy preocupante, dado que cada semana se detectaban nuevos brotes por toda España. Para finales de agosto volvimos a ser el país europeo con mayor número de casos diagnosticados. Se detectaban más casos porque se hacían más PCR, pero aquello era, asimismo, la antesala de un aumento del número de ingresos hospitalarios, de pacientes en UCI y de fallecimientos. En esta ocasión ya no había excusa: nadie estaba preparado para la primera oleada, pero ahora una incompresible falta de coordinación hacía prever un otoño-invierno muy complicado.

Es muy probable que si se hubieran adoptado medidas con mayor antelación los efectos de la pandemia hubieran sido menores. Pero ¿cómo se puede explicar que los Gobiernos de la mayoría de los países no hicieran caso antes a las alertas de la OMS? Por una parte, hubo miedo a una reacción desproporcionada, como había ocurrido con el famoso efecto 2000. En el último segundo del 31 de diciembre de 1999, todos los relojes del planeta iban a dar paso al nuevo milenio. Muchos habían predicho que el cambio de milenio iba a causar un problema en los códigos y sistemas operativos de todos los ordenadores del mundo, con el consiguiente caos global... pero nada de esto ocurrió. Toda la humanidad se temía lo peor, pero no pasó nada. También en temas de salud y pandemias ha habido sobreactuación con anterioridad. Como ya hemos comentado, la anterior declaración de pandemia fue en 2009, con el virus de la gripe A H1N1. Aquello al final tampoco fue para tanto, no pasó de una gripe estacional, pero creó gran alarma mundial, y algunos Gobiernos gastaron miles de millones de euros en hacer acopio de antigripales (como el famoso Tamiflu) y de vacunas contra la gripe... que no sirvieron para nada. Por eso, quizá esta vez haya habido un cierto miedo a una actuación exagerada.

Además, la propia OMS no ha estado exenta de escándalos. Meses después de la pandemia de 2009 se acusó a algunos de sus miembros y asesores de recibir financiación de algunas compañías farmacéuticas. La fama y el prestigio de la organización no quedó en muy buen lugar. Por eso, quizá esta vez también hubo mucha más cautela antes de declarar la pandemia por parte de la OMS, una organización excesivamente burocratizada, politizada y muy dependiente de los países y donantes que la financian, así como cierta desconfianza de los consejos que daba. De hecho, la OMS, fundada en 1948 como parte del sistema de la ONU, tiene como objetivos «promover la salud, mantener el mundo seguro y servir a los vulnerables», pero no tiene capacidad ejecutiva, solo consultiva. Su presupuesto, de menos de cinco mil millones de dólares, proviene de dos fuentes distintas: las contribuciones obligatorias que hacen los estados miembros de la ONU (que suponen menos del 20 por ciento del presupuesto) y las contribuciones voluntarias de Estados y de particulares, como la Fundación Bill y Melinda Gates y otras organizaciones filantrópicas (el 80 por ciento del presupuesto). Las cuotas de los países son fijadas por la ONU según la riqueza y población del país, y se emplean para pagar salarios y gastos administrativos. Por su parte, las aportaciones voluntarias se comprometen a campañas sobre temas concretos como, por ejemplo, la vacunación contra la polio, el cuidado de la salud de las mujeres o la ayuda humanitaria. Esto genera un problema porque son los donantes voluntarios los que realmente establecen la agenda que debe seguir la organización. Un presupuesto de unos cinco mil millones para una organización así, ¿es mucho o es poco? Puede ayudarnos a responder a esta pregunta saber que solo el presupuesto de investigación del Hospital General de Massachusetts es de mil millones al año. En esta ocasión la OMS ha sido también criticada por su excesiva complacencia con el Gobierno chino. Cuando ocurrió el brote de SARS en 2003, China ocultó información y avisó tarde y mal al resto del mundo. Ahora, aunque los análisis genéticos de los aislamientos del virus SARS-CoV-2 que se tienen indican que la pandemia pudo comenzar entre finales de octubre y principios de noviembre de 2019, no se puede descartar que el virus ya circulara mucho antes en China con conocimiento de las autoridades. De hecho, dada la intensidad y extensión que ha tenido la pandemia es muy difícil mantener que el Gobierno chino actuó con absoluta transparencia. Como dice un buen amigo mío: «Los Gobiernos democráticos mienten frecuentemente; los autoritarios, siempre». La de la COVID-19 ha sido la primera gran pandemia del siglo XXI, el virus que ha cambiado el mundo... pero no ha sido el único.

La humanidad, una historia de microbios

Hace tan solo unos meses a mucha gente había que explicarle qué quiere decir el término *pandemia*. Hoy en día todos sabemos lo que significa: una epidemia a nivel mundial. Probablemente esto pasará a los libros de historia como la pandemia de 2020 o el Gran Confinamiento. Un minúsculo virus ha cambiado el mundo, ha paralizado el planeta y ha encerrado en sus casas a más de la mitad de la población mundial durante meses. Nos parece algo excepcional, pero epidemias y pandemias ha habido muchas a lo largo de la historia. Los microorganismos, esos seres microscópicos —hongos, bacterias y virus—, han influido en la historia de la humanidad mucho más de lo que pensamos. Los microorganismos no solo han causado millones de muertes, sino que han sido responsables de la caída de imperios, de cambios en los ciclos históricos y de grandes crisis económicas; incluso han influido en el desenlace de contiendas mundiales.

Algunos autores sostienen que las enfermedades infecciosas empezaron a tener un impacto importante sobre la población humana cuando se produjo en su estilo de vida un cambio relacionado con las prácticas agrícolas, el aumento del sedentarismo y de la densidad de población. Según esta hipótesis la mayoría de los patógenos humanos se adquirieron de los animales domesticados y se originaron por tanto tras el desarrollo de la agricultura y la ganadería. Ciertamente, el origen de muchas enfermedades infecciosas está en el contacto con los animales (a esta misma idea volveremos al final del libro). No sabemos a ciencia cierta qué efecto pudieron tener los microorganismos patógenos sobre los neandertales en el Pleistoceno, pero quizá el hecho de que se organizaran en pequeños grupos y de que todavía no se relacionaran con animales domésticos hizo que las enfermedades infecciosas no fueran un factor limitante para ellos. Qué curioso: vivían aislados y tenían poco contacto con los animales, lo que los protegía de las infecciones, pero... se extinguieron.

Durante siglos el ser humano creyó que el origen de las enfermedades era un castigo de los dioses o un problema del interior de nuestro cuerpo. Los griegos pensaban que el cuerpo humano estaba compuesto de cuatro sustancias básicas, los humores o bilis, de cuyo equilibrio dependía el estado de salud de la persona. No solo las enfermedades, sino incluso el carácter de la persona era el resultado del exceso o déficit de alguno de estos cuatro humores: bilis negra, bilis amarilla, flema y sangre. La bilis negra se relacionaba con las enfermedades del bazo y era la dominante en las personalidades idealistas y melancólicas; la bilis amarilla se correspondía con el hígado y con las personas coléricas y de mal temperamento; la flema, que afectaba al cerebro y al pulmón, predominaba en las personas flemáticas, calmadas y racionales; y la sangre estaba conectada con el corazón y con los temperamentos valientes y amorosos. Con el curso de la historia, comenzó a culparse de las enfermedades a las miasmas, un conjunto de sustancias o emanaciones fétidas, impuras y perjudiciales de los suelos, las aguas, el aire corrupto, las personas enfermas o los cuerpos en descomposición capaces de transmitir la enfermedad. Estas teorías reflejaban la existencia de complejas interacciones entre factores externos e internos del cuerpo humano, pero no eran más que aproximaciones que demostraban que no teníamos ni idea de cuál era la causa de las enfermedades. Pero ya desde el siglo XVI se sabía que algunas enfermedades eran causadas por *algo* que podía transmitirse de una persona enferma a otra sana: ya se sabía por tanto que algunas enfermedades se podían contagiar.

La pandemia de COVID-19 no es algo nuevo. Lo nuevo ha sido el virus, pero no la pandemia. A lo largo de la historia de la humanidad ha habido muchas otras pandemias, incluso de mayor envergadura. Quizá la primera que se tiene documentada es la que se llamó la peste Antonina o plaga de Galeno, pues fue este médico el que la describió. Ocurrió en la época del Imperio romano, comenzó en el año 165 d. C. y duró alrededor de quince años. Se ha estimado que fallecieron unos cinco millones de personas. Por los síntomas que describe Galeno parece ser que se trató de una pandemia del virus de la viruela de tipo hemorrágico. Es muy probable que se originara en Oriente y que el movimiento de los soldados la difundiera desde allí rápidamente por la red terrestre y naval del Imperio. Al volver a sus campamentos de origen, el ejército romano fue contagiando la enfermedad en todas las ciudades por las que pasaba: primero en Siria, luego en Asia Menor, Grecia e Italia. Llegó incluso hasta las regiones más alejadas del Imperio, las islas Británicas, Hispania y la Mauritania Tingitana (Marruecos). El mismo emperador Marco Aurelio falleció, en el año 180, probablemente a causa de esta enfermedad, y la ciudad de Roma sufrió sus consecuencias con dureza debido a la cantidad de población aglomerada y hacinada. Para algunos historiadores esta epidemia tuvo unos drásticos efectos sociales y políticos y supuso un punto de inflexión en el Imperio romano. Aunque siempre tiene que haber un culpable, y en este caso le tocó a los cristianos.

Ya en esta primera pandemia se pone de manifiesto algo común a todas ellas: lo mejor para los microorganismos que acaban causando una gran epidemia es mucha gente, muy junta y moviéndose. Todas las pandemias han estado relacionadas con la densidad de población y con la movilidad y las vías de comunicación.

Unos siglos después, entre los años 541 y 543, ocurrió la que ha llegado a considerarse como una de las pandemias más grandes de la historia, que causó la muerte de entre un 10 y un 25 por ciento de la población mundial de aquella época: la plaga de Justiniano, que afectó al Imperio bizantino. La causante esta vez fue una bacteria: la *Yersinis pestis*, la temida peste. La enfermedad tuvo efectos catastróficos sobre la economía, el comercio y la agricultura. Facilitó las diversas invasiones bárbaras de los pueblos del norte y muchos historiadores ven en el debilitamiento del Imperio bizantino causado por esta plaga una de las líneas divisorias entre el ocaso de la Antigüedad y la floreciente Edad Media.

La peste siguió siendo sinónimo de muerte y terror durante cientos de años. A mediados del siglo XIV estalló la mayor epidemia de peste de la historia de Europa. En aquella época la peste se propagaba a través de las rutas marítimas, fluviales y terrestres del comercio internacional, así como por los caminos de peregrinación. Lo que entonces eran grandes ciudades comerciales fueron los principales focos de infección. Y desde ellas, la peste se transmitió a los pequeños burgos y villas cercanas. Se calcula que aquella epidemia de peste negra o bubónica, que ocurrió entre 1346 y 1347, redujo la población europea en más de la mitad y aceleró el inicio del Renacimiento y la *modernización* de Europa. Entonces se pensaba que la peste la transmitían los animales con pelo, por lo que sacrificaron a todos los perros y gatos. Sin embargo, al no haber depredadores, se produjo una proliferación de las ratas, las que de verdad transmitían la peste. Fue peor el remedio que la enfermedad. También entonces fue cuando se comenzaron a aplicar las cuarentenas: cuarenta días de aislamiento de los barcos que llegaban de zonas con peste. Ya desde aquella época aprendimos que después de una gran epidemia había un periodo de hambre, miseria, pobreza y desigualdad. Hasta su última aparición, a principios del siglo XVIII, hubo unas diez pandemias de peste negra. En el siglo XVIII, durante una de las últimas epidemias de peste, que asoló Marsella, los médicos de entonces comenzaron a emplear una curiosa indumentaria para protegerse del contagio al asistir a los enfermos:

una máscara en forma de pico que cubría toda la cara, incluso los ojos, gorro, guantes, botas, una túnica oscura hasta los pies y un bastón. La máscara en forma de pico de ave contenía en su interior perfumes, menta, flores, alcanfor y paja a modo de filtro contra el olor fétido de los apestados. El hecho de cubrir el cuerpo con una túnica gruesa de piel era para evitar el contacto y el bastón para no tocar a los enfermos directamente. Eran los EPI (equipo de protección individual) de hace trescientos años.

La viruela ya la conocíamos desde la plaga de Galeno, pero se estima que debió de aparecer mucho antes, hace miles de años, al comenzar los primeros asentamientos agrícolas, y que se extendió por todo el planeta desde China, llegando al resto de Asia, primero, luego a Europa y después al continente americano. Se cree que la viruela, junto con otras enfermedades como el sarampión y la gripe, fueron introducidas por primera vez en el continente americano por los conquistadores españoles y portugueses. En pocos meses estas enfermedades se extendieron y devastaron los Imperios azteca e inca y también afectaron a otros indígenas americanos. Se calcula que en menos de cien años la población azteca pasó de unos veintiséis millones, cuando llegaron los conquistadores, a menos de dos millones. Probablemente la conquista de ese Imperio no habría sido igual sin los estragos de estas enfermedades entre los indígenas. En los siglos XVII y XVIII, la viruela asoló Europa y llegó a afectar a más del 90 por ciento de los niños. La OMS calcula que este virus ha sido responsable de más de trescientos millones de muertos... solo en el siglo XX, más que las guerras mundiales, la gripe de 1918 y el sida juntos. Afortunadamente, la viruela ha sido la primera, y de momento la única, enfermedad infecciosa humana erradicada del planeta. Por cierto, gracias a las vacunas.

En 1812 el emperador Napoleón decidió invadir Rusia. Para ello organizó lo que entonces fue el ejército más amplio y poderoso, con más de 690.000 hombres. Pero lo que suponía que iba a ser una campaña rápida y sencilla se convirtió en una de las mayores catástrofes militares de la historia: solo unos 50.000 soldados sobrevivieron, el resto fueron enterrados por el camino. ¿Qué fue lo que realmente causó la derrota de uno de los mayores ejércitos jamás conocido, liderado por uno de los más grandes generales de todos los tiempos? Sorprendentemente, no fueron las armas del enemigo, no fue el ejército ruso el que lo venció. Napoleón fue derrotado por el frío, el hambre y... por el tifus, causado por un pequeño microbio (la bacteria *Rickettsia*) transmitido por piojos, pulgas y garrapatas. El regreso de aquel ejercito famélico y enfermo contribuyó además a la extensión de la enfermedad por toda Alemania y Francia. ¿Cómo hubiera sido la historia de Europa sin el tifus, si Napoleón hubiera conquistado Rusia?

Los microorganismos también han sido la causa de grandes migraciones de población, algo que ha tenido una gran influencia en el devenir de algunos países. A principios de 1800 los irlandeses resolvieron el problema de alimentar a una población floreciente plantando una variedad concreta de patatas, la *lumper*. Media hectárea de terreno podía producir hasta doce toneladas de patatas al año, lo que era más que suficiente para alimentar a una familia numerosa durante ese tiempo. Las patatas son ricas en proteínas, carbohidratos, minerales y vitaminas, un buen alimento, sobre todo si hay hambre. Desgraciadamente, los irlandeses apostaron todo a una carta: el monocultivo de esta variedad de patata; es decir, todo eran clones genéticamente iguales. En 1845 un pequeño hongo, el *Phytophthora infestans*, comenzó a atacar las plantas de patata, que se marchitaban y pudrían en cuestión de días. La enfermedad se extendió por la isla de forma espectacular, y se perdió toda la cosecha de patatas en solo unos meses. En 1850 se estima que ya habían fallecido más de un millón y medio de irlandeses en lo que se conoce como la Gran Hambruna. Los efectos de aquella catástrofe no solo cambiaron la demografía de Irlanda, sino que también influyeron significativamente en su devenir político y social. Más de un millón de irlandeses emigró a América, uno de los fenómenos migratorios más importantes que afectó a los Estados Unidos. Por tanto, un pequeño microorganismo fue el causante de que en Estados Unidos haya millones de O'Brien, O'Connor o McCarthy, descendientes de aquellos irlandeses que tuvieron que emigrar para poder comer.

Los microbios no solo han influido en la salud, también han tenido un efecto devastador en la economía. Quizá una de las primeras burbujas económicas y crisis financieras ocurrió en Holanda en el siglo XVII. El comercio de flores, especialmente de los tulipanes, era un negocio floreciente, nunca mejor dicho. Algunas especies de tulipanes eran símbolo de riqueza y alcanzaban precios desorbitados. La mayoría eran de un solo color, pero de forma aleatoria (e inexplicable en aquella época) aparecían algunas variedades multicolores. Hoy sabemos que la aparición de los tulipanes de varios colores era debida a la acción de un virus que se transmite a través de los pulgones. La infección con el virus volvía los bulbos más exóticos pero a la vez más difíciles de reproducir, y por eso más escasos, lo que a su vez elevaba su precio. Una de esas variedades de tulipanes multicolores era la viceroy. En 1634 comenzó una auténtica locura por este tipo de tulipanes y se creó un mercado de futuro: se comerciaba con tulipanes que todavía no habían florecido ni se habían plantado, incluso. Los precios eran desorbitantes: por un bulbo de la variedad viceroy se llegaba a pagar el valor de veinticinco toneladas de mantequilla, ochenta cerdos o doscientas cincuenta toneladas de trigo. En 1637 esa burbuja financiera tocó techo, los especuladores se dieron cuenta de que aquello era una auténtica farsa, cundió el pánico en el mercado y los precios cayeron en picado. Sin saber la causa, un virus, aquella crisis económica dejó a Holanda devastada.

El cólera, causado por la bacteria *Vibrio cholerae*, ha sido otra de esas enfermedades infecciosas que nos ha acompañado durante siglos. Hay muchos indicios de que los habitantes de las llanuras del río Ganges conocían ya en la antigüedad una enfermedad similar al cólera. La primera pandemia de cólera bien documentada, y la más importante, ocurrió en el año 1817 y duró seis años. Se calcula que causó cerca de un millón de muertos, y a partir de la India se propagó por otras partes del mundo. Luego, de forma recurrente, ha habido otras pandemias de cólera –algunos autores llegan a describir hasta siete–. Desde hace años surgen brotes fulminantes, con altas tasas de letalidad, relacionados con desastres naturales o provocados por el ser humano o con campamentos de refugiados superpoblados. Por ejemplo, después de la crisis de Ruanda, en 1994, varios brotes de cólera causaron al menos 23.800 muertes en el intervalo de un mes en los campamentos de refugiados de

Goma, en el Congo. Solo en 2001, la Organización Mundial de la Salud verificó cuarenta y un brotes de cólera en veintiocho países. Además del sufrimiento humano que provoca la enfermedad, las epidemias de cólera desorganizan la estructura social y económica y dificultan el desarrollo de las comunidades afectadas. Según la OMS cada año mueren en el mundo unas veinte mil personas por esta causa. Lo dramático es que el 80 por ciento se podrían curar simplemente con una solución de sales de rehidratación y que se podría prevenir con el saneamiento y el agua potable.

La mayoría de nosotros asociábamos la palabra pandemia con la gripe. Una de las primeras que destaca, por su extensión y virulencia, ocurrió en 1580, y se describió en España como «un catarro muy contagioso en Castilla». Sin embargo, no es hasta 1889 cuando la gripe se vuelve endémica en gran parte del mundo (una enfermedad endémica significa que ocurre con frecuencia y a una tasa previsible en una población o un lugar específico). En aquel año ocurrió la primera pandemia de gripe bien documentada, que cursó con varias oleadas y causó aproximadamente un millón de muertos. Pero la que ha sido catalogada como la *madre* de todas las pandemias de gripe fue la de 1918. Se desarrolló en tres oleadas: la de la primavera de 1918, la del otoño de ese mismo año y la del invierno de 1919. La realmente virulenta y mortal fue la segunda oleada, muy probablemente por cambios en el genoma del virus. Coincidió con la Primera Guerra Mundial, y quizá de alguna forma precipitó su final. Se estima que una quinta parte de la población mundial se infectó. Aunque los autores no se ponen de acuerdo, las cifras de muertos oscilan entre veinte y más de cincuenta millones de personas. El número de fallecidos fue mayor que el de las muertes en combate de todas las guerras del siglo xx. Murió más gente por la gripe de 1918 en menos de dos años que por el VIH en los últimos cuarenta. Este virus de la gripe acabó atenuándose y ha seguido circulando entre nosotros hasta la actualidad.

Desde 1918 la humanidad ha sufrido otras tres pandemias más de gripe, pero ninguna de la magnitud de esta. En 1957 apareció un nuevo virus que originó la llamada gripe asiática, cursó también en tres olas epidémicas hasta 1959 y causó entre uno y cuatro millones de fallecimientos. La siguiente pandemia, la gripe de Hong Kong, ocurrió en 1968 y tuvo un número similar de fallecidos. La última pandemia fue la denominada gripe A de 2009; aunque tuvo una extensión mundial, su mortalidad fue similar a la que causan los virus estacionales de la gripe. Según la OMS cada año hay entre 290.000 y 650.000 muertes asociadas al virus de la gripe estacional.

Hoy en día sabemos que el virus VIH, causante del sida, es de origen animal. En realidad no hay un solo tipo de virus VIH, sino muchos diferentes: VIH de tipo 1, que a su vez se diferencia en varios grupos y subgrupos (M, O, N y P), y el de tipo 2. Todos estos virus provienen de África, en concreto de retrovirus de distintos tipos de primates (chimpancés, macacos, gorilas...) que en diferentes momentos de la historia y de forma independiente pasaron al ser humano y se adaptaron al nuevo hospedador. Aunque los primeros casos de sida se describieron en 1981 en Estados Unidos, se ha sugerido que en realidad el inicio de la pandemia debió de ocurrir en la capital de la República Democrática del Congo, Kinshasa, alrededor de 1920. Durante años se propagó muy lentamente, pero a partir de la década de los sesenta se extendió por todo el país, primero, y luego por el continente africano muy rápidamente. Varios factores influyeron en la rápida propagación del VIH en el África subsahariana. Por una parte, la proliferación de grandes urbes con muy alta densidad de población (hoy en día, Lagos, en Nigeria, tiene cerca de 21 millones de habitantes; Kinshasa, 14 millones; Luanda, en Angola, cerca de 7 millones; Nairobi, en Kenia, 6,5 millones y Abiyán, en Costa de Marfil, 4,7 millones). Pero además influyeron el desarrollo de una red de comunicación que conectó las principales ciudades, los cambios de comportamiento sexual, el aumento de la prostitución, y el empleo de jeringuillas reutilizables en los centros de salud. Todo aquello junto fue una tormenta perfecta que hizo que silenciosamente el virus fuera extendiéndose hasta su estallido en Occidente en los años ochenta. El sida ha sido una de las grandes pandemias del siglo XX y de principios del XXI, cuyo pico ocurrió en 2004. Se calcula que desde su inicio unos 75 millones de personas se han contagiado y 37 millones han fallecido a causa de la enfermedad; cada año se infectan 1,7 millones de personas y fallecen unas 770.000. Cuarenta años después del descubrimiento del virus seguimos sin tener una vacuna, pero gracias a las terapias, hoy en día el sida puede considerarse una enfermedad crónica. Desgraciadamente, todavía el 38 por ciento de las personas enfermas no tienen acceso al tratamiento (datos de 2018).

Casi sin darnos cuenta, los microorganismos han sido grandes protagonistas de nuestra historia. ¿Pero de qué se muere hoy en día la gente? ¿Hemos vencido a las enfermedades infecciosas? Es verdad que gracias al saneamiento y la potabilización de las aguas, al desarrollo de las vacunas y al descubrimiento de los antibióticos se salvan millones de vidas, y que la esperanza de vida de la humanidad se ha incrementado de forma significativa. En 1928, cuando Fleming descubrió la penicilina, la esperanza de vida media mundial era de poco más de cuarenta años, hoy es de setenta y tres, aunque con diferencias notables entre países: Japón está a la cabeza con más de ochenta y cuatro años, mientras que Sudáfrica solo alcanza los sesenta y cuatro. ¡Una diferencia de veinte años! Nos podría dar la impresión de que las enfermedades infecciosas ya no son un problema. En parte es verdad, la mortalidad asociada a las infecciones se ha reducido: si en 1990 suponía cerca de un 33 por ciento de todas las muertes mundiales, ahora no alcanza el 20 por ciento. Según datos del Global Change Data Lab de la Universidad de Oxford, cada año se producen en el mundo unos cincuenta y seis millones de muertes, de las cuales once millones están relacionadas con enfermedades causadas por los microorganismos. Dentro de las enfermedades infecciosas, las que más muertos causan son las respiratorias (2,5 millones), seguidas de las digestivas (2,4 millones) y las diarreas (1,6 millones); luego están la tuberculosis, el sida, la malaria, la meningitis, la hepatitis... La probabilidad de muerte por infecciones depende también de la edad y del país en el que uno viva. Por ejemplo, las infecciones respiratorias son la primera causa de muerte de los menores de cinco años. Cada año mueren más de medio millón de niños por una diarrea, algo absolutamente prevenible. Las infecciones respiratorias siguen siendo la tercera causa de muerte en mayores de cincuenta años. Las causas de muerte también son muy diferentes dependiendo de la renta per cápita de los países. De las diez principales causas de muerte en países con altos ingresos, solo una está relacionada con enfermedades infecciosas y transmisibles (infecciones respiratorias). Sin embargo, en los países de bajos ingresos son siete: la probabilidad de morir por una infección es mucho más alta en el África subsahariana que en Europa. La solución a todos estos retos solo vendrá de la ciencia, la tecnología y la cooperación internacional.

Este breve repaso de la historia nos muestra que las infecciones, epidemias y pandemias siempre han existido, prácticamente nos acompañan desde que el ser humano es humano. Al estudiar la historia de otras pandemias hemos aprendido que su aparición, incidencia e intensidad depende de tres factores principalmente: la densidad de la población, el movimiento de las personas y el contacto con los animales. La experiencia nos dice que debemos prepararnos para lo peor y basar nuestra actuación en la evidencia, la coordinación, la prudencia y la transparencia. Las pandemias son muy difíciles de controlar, por eso son pandemias. De hecho, jamás hemos podido vencer una pandemia, lo más a lo que podemos aspirar es a mitigar sus efectos. Y para eso la ciencia es la solución.

Ciencia y cooperación

El 29 de febrero de 2020 se publicó un artículo titulado «Diez buenas noticias sobre el coronavirus». La repercusión mediática de aquel artículo fue tremenda: traducido al inglés, al francés, al bahasa indonesio, al portugués, al italiano, al coreano... llegó a tener más de veintiún millones de lectores. Independientemente de la raza, origen o idioma, en época de crisis todos necesitamos buenas noticias, un poco de esperanza, ver la botella medio llena, ver el final del túnel. ¿Cómo se pueden dar buenas noticias de un *bicho* que ha causado una pandemia mundial con cientos de miles de muertos? La idea de fondo era clara: jamás la ciencia había estado mejor preparada como hasta ahora para combatirla.

✓ Desde que a finales de diciembre de 2019 China notificó los primeros casos de una neumonía atípica grave de origen desconocido, una multitud de científicos y científicas de todo el planeta se pusieron a investigar la causa y a buscar una solución. Desde ese momento comenzó una lucha frenética sin precedentes por conocer la biología del patógeno y la enfermedad que causaba. Cuando en 1981 se describieron los primeros casos de sida, se tardó más de dos años en descubrir al agente causante, un retrovirus, el Virus de Inmunodeficiencia Humana o VIH. Ahora, ¡en cuestión de unos pocos días!, se identificó el virus y se descubrió que era en concreto un coronavirus –al que se denominó SARS-CoV-2– diferente de la familia del virus de la gripe. Para los que todavía tienen dudas de su existencia, el virus se aisló de muestras biológicas y se fotografió; asimismo, se secuenció su genoma. Rápidamente se descifró la proteína más importante de su superficie, la proteína S, la llave para entrar a las células, incluso a nivel atómico. Desde el 13 de enero ya estaba disponible en la web de la OMS el protocolo para la técnica de la PCR que permitía amplificar y detectar directamente y de forma específica el genoma del virus. Poco tiempo después se desarrollaron los primeros test diagnósticos indirectos basados en la detección de anticuerpos y en tan solo cinco meses ya eran más de doscientos setenta los test de diagnósticos de todo tipo y formato disponibles: diferentes tipos de PCR y test serológicos, de amplificación isotérmica, de antígenos, por secuenciación masiva... incluso pruebas basadas en la técnica de edición genética CRISPR.

En unos pocos meses investigadores de todo el mundo secuenciaron más de noventa mil genomas del virus obtenidos de pacientes repartidos por todo el planeta, desde China a Estados Unidos, pasando por Europa. Esa enorme base de datos permitió comparar los genomas entre sí y ver cómo variaba el virus a lo largo del tiempo; en definitiva, seguir la evolución del virus en tiempo real, un trabajo colaborativo que jamás se había hecho antes. Así se confirmó que la velocidad de mutación del virus era la esperada. Todos los virus mutan, los virus viven mutando. De hecho, en virología hablamos de *nubes de mutantes*, poblaciones de miles de variantes virales que evolucionan todas juntas. Se comprobó que, al menos durante los primeros meses de la pandemia, el SARS-CoV-2 se comportaba de forma estable y no estaba evolucionando a formas más agresivas. Esta información era muy valiosa para estimar también lo eficaces que podrían ser las vacunas frente al virus que, como veremos, ya se estaban desarrollando. Además, los análisis de su genoma permitieron concluir que no existía ninguna evidencia de que el SARS-CoV-2 hubiera sido manipulado genéticamente (sobre este tema del origen del virus volveremos más adelante). Como había ocurrido en muchas otras ocasiones con anterioridad, su origen estaba relacionado con otros coronavirus de murciélagos con los que estaba estrechamente emparentado y había acabado *saltando* al ser humano, previo paso por alguna otra especie animal intermedia.

A finales de enero, la revista *Nature* publicó un comentario en el cual su autora se asombraba de que en menos de veinte días desde que se había anunciado el nuevo coronavirus chino se habían publicado más de cincuenta artículos científicos. Ya entonces esa cifra era impresionante. Sin embargo, tan solo seis meses después ya se podían consultar cerca de cuarenta mil artículos científicos sobre el nuevo coronavirus o sobre la enfermedad COVID-19 en PubMed (un motor de búsqueda del National Center for Biotechnology Information que permite acceder a referencias y resúmenes de los artículos de investigación biomédica de la base de datos Medline, la más amplia que existe). Esa cifra era muy superior al número de artículos que se escribieron sobre el primer coronavirus SARS en un año desde su descubrimiento, que fueron poco más de mil. A esto habría que sumarle los más de 6.500 artículos en forma de prepublicación o *preprint*, de los que más adelante hablaremos. Todos estos trabajos eran sobre vacunas, tratamientos, epidemiología, genética y filogenia, diagnóstico, aspectos clínicos... Estaban elaborados por miles de autores repartidos por todo el planeta. Esto ponía de manifiesto de nuevo la gran cantidad de conocimiento científico que se estaba generado en un tiempo récord, algo sin precedente alguno: en unos pocos meses sabíamos más del nuevo coronavirus que de otras enfermedades en lustros. Sin embargo, esta ciencia exprés, a alta velocidad, también tenía sus riesgos, como veremos.

Por otra parte, nuestra capacidad de diseñar nuevas vacunas es espectacular. Si a finales de febrero había poco más de ocho proyectos de vacunas contra el coronavirus, para principios de verano eran ya más de ciento sesenta los prototipos de vacunas que se estaban desarrollando. Se trataba de todo tipo de propuestas: la mayoría estaban basadas en subunidades de proteínas del virus, pero las había también de vectores virales, de ARN, de partículas, con virus inactivos o de vacunas vivas con el virus atenuado. Muchas comenzaron las fases clínicas de experimentación con seres humanos –para analizar la seguridad, los posibles efectos secundarios y la efectividad– en un tiempo récord. Se avanzaba tan rápido que incluso la Fundación Bill y Melinda Gates financió la construcción de siete plantas de fabricación de vacunas antes de saber cuál o cuáles serían las que finalmente iban a ser seleccionadas. Algunas de estas propuestas no llegarían a buen término, pero las posibilidades de acertar eran inmensas. Muchas de estas propuestas provenían de grupos de investigación que llevaban años trabajando contra otros virus, especialmente con los coronavirus SARS y MERS. Todo ese conocimiento acumulado permitió ir a una velocidad nunca antes vista.

Pero las vacunas son preventivas, son para el futuro. Mucho más importante era el avance en los tratamientos, en curar la enfermedad, sobre todo los casos más graves. Conforme se fue conociendo mejor la biología del virus y la enfermedad, se confirmó que la COVID-19 era mucho más que una neumonía. La infección se manifestaba no solo como un síndrome respiratorio agudo, sino también como un daño renal, hepático, cardiaco e incluso cerebral. En muchos enfermos, el virus causaba un daño tisular grave, inflamaciones, trombos e infecciones bacterianas secundarias a través de un mecanismo que se conoce como tormenta de citoquinas (estas son proteínas que regulan la comunicación entre células y su función, principalmente de las del sistema inmunitario). Al principio se empezaron ensayando algunos antivirales de amplio espectro, pero en pocos meses fueron cientos los tratamientos experimentales que combinaban no solo antivirales, sino también tratamientos de los síntomas: interferón, antiinflamatorios, plasma de pacientes recuperados, bloqueantes de esas citoquinas proinflamatorias e incluso antibióticos.

La OMS reconoció la necesidad de dotar de velocidad y magnitud a los ensayos clínicos y por ello se organizaron varios de carácter internacional. La propia organización, por ejemplo, puso en marcha el programa Solidaridad, en el que se inscribieron varios miles de pacientes, con la participación activa de más de cuatrocientos hospitales de treinta y cinco países diferentes. De esta forma se facilitaba el acceso a tratamientos experimentales donados por diversos fabricantes. Por su parte, Francia lideró el ensayo DisCoVery, y el Reino Unido el programa RECoVER, ambos con miles de pacientes de varios países europeos. Mientras que los ensayos clínicos aleatorios reducidos suelen tardar años en diseñarse y llevarse a cabo, estos ensayos colaborativos podrían reducir el tiempo en un 80 por ciento. Así, la inscripción de pacientes en un único ensayo aleatorio facilitaría la comparación rápida y mundial de tratamientos no probados hasta entonces. Al no realizarse múltiples ensayos pequeños se evitaba el riesgo de no generar las pruebas sólidas necesarias para determinar la eficacia relativa de los posibles tratamientos. El objetivo también era que si algún tratamiento demostrara ser eficaz, se pudiera adquirir a un precio asequible en todo el mundo.

Como vemos, jamás la humanidad había estado tan bien preparada como hasta ahora para combatir una pandemia. Como hemos comentado, la que algunos denominan la *madre* de todas las pandemias, la gripe de 1918, fue responsable de entre veinte y cincuenta millones de muertos. Este nuevo coronavirus había causado más de 750.000 fallecimientos en los primeros seis meses. Todavía no sabemos cómo terminará esta pandemia, pero hoy en día en muchos países contamos con un nivel sanitario y un desarrollo científico que nos permiten tener esperanza. Gracias a la ciencia ya no hay viruela y estamos a punto de erradicar también la polio, la dracunculiasis, la filariasis, la hepatitis C, el sarampión o la rubeola. Gracias a la ciencia ya no hay peste ni leprosos por la calles de Europa. Gracias a la ciencia el sida es una enfermedad crónica. Gracias a la ciencia muchos cánceres se pueden curar. Para combatir esta y futuras pandemias tenemos que apostar por el conocimiento, la ciencia y la investigación, por la colaboración entre organizaciones públicas, privadas, civiles y filantrópicas. La solución está en la ciencia y la cooperación.

El problema de la ciencia exprés

Pero la ciencia también ha supuesto en parte un problema. La prisa no es buena consejera. La gravedad de la situación ha requerido respuestas rápidas. Como acabamos de ver, en unos pocos meses han sido miles los artículos científicos que se han publicado sobre el virus y la enfermedad, fruto del enorme esfuerzo que se ha hecho en un tiempo récord. Pero esta información científica ha sido de tal envergadura que ni siquiera los propios científicos, ni las editoriales especializadas, la podían asimilar. También, por primera vez en la historia, estábamos viviendo informativamente una pandemia en tiempo real: todos los medios de comunicación, varias veces al día, todos los días en todo el planeta, estaban hablando de lo mismo, el coronavirus.

Una cosa es la información errónea (*misinforma-*

tion en inglés) transmitida con el convencimiento de que es verdad y otra diferente la desinformación (*disinformation* en inglés), una información deliberadamente falsa difundida con fines económicos o ideológicos. La COVID-19 ha sido una tormenta perfecta para difundir tanto informaciones erróneas como noticias deliberadamente falsas o bulos. Ya en 2018 la revista *Science* publicó un trabajo sobre la difusión de noticias en las redes sociales y constató que las noticias falsas se retuitean un 70 por ciento más que las que son ciertas. En definitiva, las noticias falsas se difunden mucho más rápido y llegan a más personas que las verdaderas. Con la pandemia ha habido una ingente cantidad de ciencia exprés en un mundo hipercomunicado por las redes sociales: una relación que, como vamos a ver, ha resultado muy peligrosa.

Debido a la urgencia, muchos de los artículos científicos se han publicado de manera accesible para todo el mundo en forma de *preprints* o prepublicaciones, antes de la revisión por pares. Luego explicaremos en qué consisten los *preprints* y cómo se publica en ciencia, pero el *preprint* es la versión previa a la publicación científica. Se calcula que en los primeros meses de 2020 el número de este tipo publicaciones científicas *de urgencia* sin revisar se ha multiplicado por casi cien respecto al año anterior. Algunos de esos artículos no eran más que opiniones o simples recomendaciones. Durante este tiempo se han publicado artículos científicos de baja calidad pero de gran repercusión mediática, otros han sido interpretados fuera de contexto o incluso de forma errónea por personal no especializado. También en ocasiones se han tomado como hechos científicos demostrados los resultados publicados de esta forma.

En uno de los primeros estudios que se hicieron en España sobre la tipología de los bulos durante los tres meses que duró el confinamiento se constató que más de un tercio de las noticias falsas que se habían generado en relación con la pandemia tenían que ver con temas de ciencia y salud. La mayoría de estos bulos estaban relacionados con falsas interpretaciones sobre el origen y la letalidad del virus, su permanencia en el ambiente, tratamientos, vacunas o recomendaciones tan absurdas para combatir el virus como hacer gárgaras, seguir determinadas dietas, beber vino o hipoclorito o tomar remedios homeopáticos. Por ejemplo, uno de los artículos científicos que menos recorrido tuvo proponía que el SARS-CoV-2 era una mezcla artificial, producida por ingeniería genética en un laboratorio, entre un coronavirus y el retrovirus VIH que causa el sida. Este artículo fue publicado como *preprint* el 30 de enero de 2020 y retirado por los propios autores el 2 de febrero al comprobar que había errores en sus análisis bioinformáticos y en su interpretación. Sin embargo, fue uno de los artículos más comentado en las redes sociales, promoviendo el bulo del origen artificial del SARS-CoV-2. Desgraciadamente, Luc Montagnier, Premio Nobel de Medicina en 2008 por haber sido el codescubridor del virus VIH, se hizo eco de este bulo. En los últimos años, su prestigio se ha visto ensombrecido por su apoyo a los movimientos antivacunas y a favor de la medicina homeopática.

Quizá este tema de la investigación sobre el origen del coronavirus ha sido uno de los que más bulos ha generado, en parte por falsas interpretaciones de resultados preliminares que se estaban obteniendo. Otro de los primeros artículos sobre el origen del coronavirus lo relacionaron con las serpientes. Según estos autores, lo más similar al genoma del SARS-CoV-2 eran los hallados en dos serpientes que se vendían en los mercados de animales vivos en China. Sin embargo, pocos días después se publicaba otro trabajo en el que revisaban los resultados y, empleando otros métodos bioinformáticos y otras bases de datos, no llegaban a la misma conclusión. Su análisis sugería que el intermediario del SARS-CoV-2 más probable sería un mamífero o un ave en vez de una serpiente. Y así, el pangolín se hizo famoso. Los pangolines son unos simpáticos mamíferos con grandes escamas que cuando se sienten amenazados se encogen en forma de bola. Se alimentan de hormigas y termitas a través de una lengua larga y pegajosa. En Asia y África son muy conocidos y, aunque son una especie protegida en peligro de extinción, son víctimas del tráfico ilegal, pues su carne es muy demandada porque se considera una exquisitez y sus escamas se emplean en la medicina tradicional china. Pero en el resto del mundo prácticamente nadie conocía al pangolín hasta que llegó el coronavirus. En un estudio preliminar compararon los coronavirus aislados de pangolines de Malasia con el SARS-CoV-2 y encontraron una alta identidad, pero enseguida se publicó otro trabajo en el que se ponía en duda esta relación. Al final, se reconoció que pudo ser un error de comunicación entre los bioinformáticos y el grupo de investigación, por lo que el animal concreto del que el coronavirus *saltó* al ser humano sigue, de momento, en discusión. Todo este ir y venir, por otra parte natural en el proceso de la investigación científica, es el que generó dudas, malas interpretaciones, bulos e incluso algunas disputas políticas entre dirigentes de distintos países sobre el origen del nuevo coronavirus.

En la misma línea de bulos que surgieron por resultados científicos preliminares estaría la afirmación, que se viralizó en Twitter, de que fumar protegía contra el coronavirus. Esta idea surgió también de un artículo publicado en forma de *preprint* en el que se sugería que el porcentaje de fumadores entre los pacientes hospitalizados de COVID-19 en China era menor al de la población general, lo que «podría sugerir un cierto papel protector». Posteriormente, otro artículo preliminar sin revisión elaborado por un grupo de científicos franceses apuntaba a que la nicotina podría tener efectos preventivos y curativos frente a la COVID-19. Los propios investigadores pidieron no sacar conclusiones prematuras y diferenciar entre nicotina y tabaco, un producto que contiene miles de sustancias tóxicas. No es lo mismo sugerir que la nicotina podría proporcionar un tratamiento eficaz para una infección aguda de COVID-19 en un entorno clínico que afirmar que el tabaco previene la enfermedad. Este artículo fue criticado por deficiencias metodológicas serias, pero el bulo ya se había hecho viral. Unas semanas después, otros artículos demostraron que la probabilidad de sufrir una COVID-19 más grave era mayor en las personas fumadoras.

En otras ocasiones, el origen de los bulos tenía relación con investigaciones que estaban en fase inicial y de las que todavía no había resultados concluyentes. Por ejemplo, en un determinado momento las redes sociales se inundaron de imágenes de lesiones cutáneas originadas por el coronavirus que crearon cierta alarma en la ciudadanía. Estas lesiones no estaban causadas directamente por el virus, no eran por tanto contagiosas, sino que eran el reflejo de la respuesta inmunológica contra el virus o de pequeñas lesiones cutáneas sin importancia asociadas a la inflamación de los vasos sanguíneos de la piel, algo que todavía estaba en fase de investigación. De forma similar, también se hizo viral en las redes sociales que el coronavirus se estaba tratando mal porque no era una neumonía, sino una trombosis. En realidad esta afirmación procedía de los resultados de las primeras autopsias que se realizaron en Italia donde, efectivamente, se comprobaba la existencia de fenómenos de coagulación intravascular diseminada. La trombosis no era la causa de la COVID-19, sino una consecuencia que ocurría en los casos más graves.

El fenómeno de la mutación del virus también fue origen de bulos y malas interpretaciones. En algunos medios de comunicación fue portada que el coronavirus en Brasil había mutado ¡tres veces! La gente se asusta al oír la palabra *mutante*, piensa que un mutante es un ser perverso y siempre malo. Si el virus muta, será que se está haciendo más virulento. En realidad los virus no es que muten, es que ¡viven mutando!, pero este hecho generó también mucho ruido mediático. Sobre este tema, la existencia o no de distintas cepas o estirpes del virus con mayor o menor virulencia, se generaron varios artículos que fueron discutidos entre la comunidad científica. Uno de ellos, que sugería que había dos cepas del SARS-CoV-2, fue también fruto de interpretaciones erróneas. El artículo en cuestión proponía que el virus había evolucionado en dos variantes o cepas distintas: una S, más antigua pero menos frecuente, y otra L, más reciente y prevalente. La diferencia entre ambas cepas era una única mutación en un aminoácido. Según los autores, la cepa L sería más *agresiva* (es el término que emplearon). Aunque en su artículo decían literalmente que «no está claro que la cepa L sea más virulenta» y que «el estudio es limitado y hace falta relacionarlo con datos epidemiológicos y clínicos», su repercusión en los medios fue enorme. Se anunció que el virus había mutado y que había una cepa más frecuente y mucho más virulenta. En realidad, los autores no habían afirmado eso, y el término *agresivo* se empleó, quizá con muy poco acierto por parte de los autores, en el sentido de que la cepa L era más transmisible y se replicaba más rápidamente –que no es lo mismo que más virulento–, por eso la prevalencia era mayor a pesar de haber evolucionado más tardíamente. No solo no había datos que demostraran que una cepa era más virulenta, sino que incluso otros autores cuestionaron la validez del estudio.

Nunca hemos tenido tanto conocimiento científico ni tanta capacidad técnica para enfrentarnos a una pandemia como hasta ahora. Pero la ciencia necesita reposo, tiempo, repetir experimentos, que otros confirmen los mismos resultados, que nos evaluemos unos y otros. El quehacer científico a veces no es compatible con la inmediatez de la noticia. Los medios de comunicación exigen mucha información y de forma inmediata: lo que hoy es noticia de portada, mañana se ha olvidado. Los intereses de la ciencia y de los medios de comunicación no siempre son los mismos. La ciencia responde con miles de publicaciones en abierto para que puedan ser compartidas por toda la comunidad científica. Esto está muy bien, pero tenemos que aprender a comunicar y compartir ciencia en tiempos de crisis para no generar una angustia y un pánico innecesarios. Esta crisis ha subrayado la difícil relación entre la ciencia exprés y la necesidad de comunicación de los medios, que acaba generando falsas interpretaciones e incluso bulos más o menos malintencionados, un terreno abonado para los charlatanes y las conspiraciones. En muchos casos, el origen de este problema está en que no es fácil o evidente entender cómo funciona la ciencia. Pero antes hablemos de política.

Ciencia, política y fraude

Un artículo titulado «Droplet Infection and its Prevention by the Face Mask» (Infección por gotículas y su prevención mediante mascarillas), publicado en *The Journal of Infectious Diseases*, demostraba las ventajas del uso de la mascarilla en la prevención de enfermedades respiratorias. Lo anecdótico es que este artículo se publicó ¡en marzo de 1919! Desgraciadamente, algunos temas relacionados con la pandemia han sido enturbiados por la acción política. Por ejemplo, el que se recomendara el uso de la mascarilla o incluso se obligara a ello para prevenir rebrotes del virus ha dependido más de la ideología del gobernante que de criterios científicos. En Estados Unidos, la recomendación de su uso ha sido muy diferente según el gobernador fuera republicano o demócrata. En España también las recomendaciones han sido diferentes según el color del partido político.

Pero quizá el caso más escandaloso y que ha puesto de manifiesto una vez más las vergüenzas de la ciencia, sobre todo cuando se mezcla con la política, ha sido el de la hidroxicloroquina. Se trata de un compuesto químico derivado de la cloroquina que se ha empleado durante años contra la malaria y en algunos casos de artritis reumatoide. Se sabía que esta droga (disponible y barata) era también un potente antiviral porque bloqueaba la entrada de los virus a la célula. Algunos de los virus que están rodeados por una envoltura membranosa, como el SARS-CoV-2, entran al interior de la célula formando una pequeña vesícula, un fenómeno que se llama endocitosis. Una vez dentro, un cambio de acidez (una disminución del pH) promueve que se fusione la envoltura del virus con la membrana de la vesícula que lo contiene. Así el virus queda libre en el citoplasma de la célula y puede comenzar su ciclo de multiplicación. La acción de la hidroxicloroquina es impedir o bloquear esa bajada del pH, lo que inhibe la fusión de las membranas y evita la entrada del virus a la célula, bloqueando así la acción del virus. Estudios preliminares habían demostrado que este compuesto era capaz de inhibir la multiplicación del SARS-CoV-2 *in vitro*, esto es, en cultivos celulares en el laboratorio. Estos resultados hicieron que la hidroxicloroquina fuera uno de los antivirales que primero empezaron a ensayarse en los casos más graves de COVID-19. Un famoso (y también peculiar) microbiólogo francés, Didier Raoult, asesor del Gobierno de Francia en la lucha contra la pandemia, rápidamente publicó que este compuesto era eficaz en humanos contra el coronavirus. La OMS incluyó la hidroxicloroquina en el ensayo clínico Solidaridad, del que ya hemos hablado. Sin embargo, algunos científicos criticaron el trabajo de Raoult y alertaban de posibles efectos secundarios y de no haber encontrado beneficios significativos en los pacientes. El propio Raoult denunció un complot y acusó al Consejo Científico de Francia y al laboratorio norteamericano Gilead de frenar el uso de la hidroxicloroquina, que, como hemos dicho, es un remedio disponible y barato, y por tanto nada lucrativo para las grandes farmacéuticas. ¿Realmente la hidroxicloroquina no funcionaba contra el coronavirus o las críticas se producían porque era barato y podía suponer un problema para alguna empresa farmacéutica? Desgraciadamente, este asunto se enturbió todavía más cuando el mismísimo presidente de los Estados Unidos, Donald Trump, reveló en una rueda de prensa que dio la vuelta al mundo que estaba tomando hidroxicloroquina para prevenir el coronavirus. Las consecuencias de aquella excentricidad fue que una persona falleció por seguir las recomendaciones del presidente (como todo medicamento, la hidroxicloroquina puede tener efectos tóxicos) y que en algunos lugares hubo desabastecimiento del producto, por lo que algunos enfermos que realmente la necesitaban tuvieron problemas para conseguirla. La eficacia de la hidroxicloroquina se volvió un asunto político, con unos a favor y otros en contra por motivos más ideológicos que científicos. Era algo absurdo, pero «si Trump defiende la hidroxicloroquina y yo le apoyo, estoy a favor de este medicamento» o al contrario. Y algo parecido ocurrió en Francia, donde la hidroxicloroquina fue casi una cuestión de orgullo nacional.

Pero la historia no acabó aquí. Un artículo publicado en una de las revistas más prestigiosas del ámbito de la biomedicina, *The Lancet*, advertía de que la hidroxicloroquina no solo era inútil, sino que estaba relacionada con efectos adversos graves y con un incremento del riesgo de muerte. El trabajo no era experimental, los autores se basaban en datos estadísticos de más de 96.000 pacientes de 671 hospitales de todo el mundo. La seguridad y la efectividad de la hidroxicloroquina estaban en entredicho. La noticia cayó como una bomba y la propia OMS decidió suspender el empleo de la hidroxicloroquina. Sin embargo, un grupo de ciento veinte científicos de veinticuatro países cuestionaron a su vez estos resultados y analizaron minuciosamente los datos publicados en *The Lancet*. Comprobaron que tanto el diseño experimental como la base de datos en la que se basaban los autores no eran fiables. Se confirmó que el trabajo era un fraude y que incluso algunos de los autores ya habían sido denunciados por malas prácticas con anterioridad. La revista *The Lancet* tuvo que retirar el artículo dos semanas después de su publicación.

Este suceso, que algunos han denominado #TheLancetGate, recuerda desgraciadamente a otro de los grandes fraudes de la medicina: la relación entre las vacunas y el autismo. En 1998 el médico Andrew J. Wakefield sugiere en un artículo publicado en esta misma revista una posible relación entre la vacuna triple vírica (sarampión, paperas y rubeola) y el autismo. Todos los medios se hicieron eco de esta información y cundió el pánico en todo el mundo. Los índices de vacunación descendieron en muchos países y hubo rebrotes de enfermedades infecciosas como el sarampión. Aunque pronto hubo evidencias de falta de rigor en el desarrollo de la investigación, se tardaron años en poner en marcha un proceso de investigación sobre las malas prácticas de Wakefield, que acabó siendo expulsado del Colegio de Médicos británico. Diez de los trece coautores del artículo renunciaron a las conclusiones del estudio, pero hubo que esperar hasta 2010 para que *The Lancet* decidiera retractarse. La revista tardó ¡doce años! en admitir el fraude y retirar esa publicación de sus archivos. Durante todo ese tiempo la falsa idea de que las vacunas producen autismo siguió dando vueltas por los medios de comunicación y alentando a los movimientos antivacunas. En esta ocasión, con la pandemia de la

COVID-19, en la que, como hemos visto, la ciencia ha ido a alta velocidad, las rectificaciones también han sido exprés: la revista retiró el polémico artículo de la hidroxicloroquina en tan solo dos semanas, en vez de tardar doce años.

¿Significa todo esto que la hidroxicloroquina sirve para curar la COVID-19? La OMS decidió reanudar su uso en sus ensayos clínicos. Si la hidroxicloroquina sirve o no tendrá que decidirse por criterios científicos, no políticos, económicos o financieros. El método científico consiste en publicar y compartir las conclusiones obtenidas en un estudio con un doble objetivo: ampliar el conocimiento de la comunidad científica en general y hacerlas públicas para que otros científicos puedan revisar y estudiar dichas conclusiones. Lo ocurrido con la retirada de los resultados en *The Lancet* gracias a las aportaciones de muchos científicos que detectaron errores tras su publicación demuestra que el método funciona y que la trampa, el fraude o el simple error se detectan muy pronto.

¿Cómo funciona la ciencia?

Recuerdo que en una de las primeras entrevistas que se hicieron cuando empezaban a llegar datos de la epidemia de SARS-CoV-2 desde China el entrevistador preguntó muy acertadamente las dos cuestiones fundamentales: «¿Cómo de virulento es este virus?» y «¿qué capacidad de transmisión tiene entre las personas?». Uno de los grandes problemas durante la pandemia ha sido que la sociedad reclamaba certezas cuando todo han sido incertidumbres. Todos los Gobiernos han querido apoyarse en la ciencia como fuente de rigor y veracidad: «Lo que digan los expertos», «Según recomendaciones de los especialistas». Hoy se mira a los científicos como hace siglos se hacía con los profetas, sacerdotes, adivinos o chamanes: se les piden soluciones, respuestas a los problemas y predicciones de futuro. Para algunos, la ciencia es el nuevo Dios del siglo XXI. Pero la ciencia no tiene todas las respuestas y todavía hay muchas preguntas sin responder.

La ciencia no es democrática. Los resultados no se consensúan o deciden en comunidad, los resultados se demuestran. Con el método científico experimental estamos continuamente haciendo preguntas, cada respuesta genera nuevas dudas, la mayoría de las afirmaciones son provisionales hasta que alguien las confirme... o las desmienta. Esto es especialmente cierto en algunas áreas como la biología, en la que términos como *todo* o *nada*, *siempre* o *nunca*... jamás se emplean porque casi siempre hay excepciones. La mayoría de las veces los resultados *sugieren*, algunas veces *demuestran*, pero de forma provisional. La ciencia busca la verdad, pero no tiene verdades absolutas. Las verdades que denominamos *científicas* son relativas, provisionales. La ciencia también tiene límites. En biología el único dogma que hay es que... en biología no hay dogmas porque casi siempre hay excepciones. Los científicos estamos acostumbrados a rectificar, a rehacer hipótesis. La humildad es una de las características de un buen científico, o debería serla. Es muy poco frecuente oír a un científico decir que está seguro *al cien por cien*. Al contrario, a algunos les sorprende la de veces que un científico dice simplemente «no lo sé». Si nuestra confianza en la ciencia es absoluta, se crean falsas expectativas y acaba siendo frustrante. Por eso se ha dicho que esta pandemia ha bajado a la ciencia de su pedestal e incluso que la ciencia ha fallado. En realidad, esta pandemia ha sacado a la luz pública cómo funciona la ciencia.

Raramente nos encontramos frente a un experimento científico bien diseñado, con doble ciego, repetido muchas veces, aleatorio, con los controles correctos, con un tamaño de muestra suficiente y con conclusiones inequívocas respecto al tema que se investiga. Hay muchos factores que influyen en los experimentos y sobre todo en la interpretación de los resultados. Hace unos años, un grupo de profesores e investigadores publicó veinte consejos para ayudar a enfrentarnos a los datos científicos, de manera que podamos entender cómo se diseñan los experimentos y, en definitiva, cómo interpretar la ciencia. Resulta muy sugerente revisar esos consejos después de haber sufrido una pandemia:

1. El mundo real varía de forma impredecible. La ciencia se dedica en parte a descubrir las causas de los patrones que vemos, pero puede haber muchas explicaciones diferentes para un mismo fenómeno. Uno de los principales retos de la investigación científica es encontrar la razón de la realidad sin olvidar las innumerables fuentes de variación. Cómo se va a desarrollar una pandemia causada por un virus desconocido es sencillamente impredecible.

2. Ninguna medida es exacta. Prácticamente todas las medidas tienen algún error. Si mides un proceso varias veces, lo normal es que obtengas resultados diferentes; por eso los resultados deben presentarse siempre con el error asociado a la medición. El error es algo intrínseco al hecho de medir o cuantificar algo.

3. El sesgo es frecuente. El diseño del propio experimento o el método de medida pueden producir resultados atípicos o sesgados en una determinada dirección. Por ejemplo, en un ensayo clínico el resultado puede estar influenciado por las expectativas que tengan los participantes en dicho ensayo. Pero, además, el mismo investigador que recoge y analiza

los resultados puede también estar influenciado si conoce el tratamiento de antemano. Por eso lo ideal en este tipo de ensayos son los experimentos que se denominan doble ciego, en los que ni los participantes ni el propio investigador conocen quién ha recibido qué tratamiento concreto. El sesgo ocurre cuando un investigador deja de ser lo suficientemente crítico, objetivo e imparcial con sus propios resultados o cesa de investigar si hay evidencias contrarias a su hipótesis de partida. Un ejemplo puede ser el escándalo de la hidroxicloroquina, del que ya hemos hablado.

4. Cuanto mayor sea el tamaño de la muestra, mejor. Los resultados obtenidos con un mayor número de observaciones suelen ser más informativos y fiables que los que se obtienen de un menor número de datos. Es decir, conforme acumulamos más evidencias nuestro conocimiento mejora. Esto es especialmente importante en las encuestas o cuando nuestro estudio está sujeto a variaciones naturales o a errores de medida, como en los ensayos clínicos. La efectividad de un tratamiento puede variar de forma natural entre personas distintas, por eso un ensayo clínico o

una vacuna es más fiable si se ensaya en decenas de miles de individuos que si se hace en unos pocos cientos. No es lo mismo ensayar un tratamiento contra la COVID-19 en un grupo de cincuenta personas que en uno de cinco mil. Por eso han sido tan importantes los ensayos clínicos colaborativos como Solidaridad, DisCoVery o RECoVERY. También durante la pandemia hemos visto que muchas publicaciones que sacaban algunas conclusiones al analizar unos pocos casos eran luego rectificadas cuando el número de casos estudiados era mayor.

5. Correlación no implica causalidad. Esta afirmación, esencial en ciencia, se olvida muchas veces. Suele ser muy tentador asumir que un determinado hecho es la causa de otro. Sin embargo, quizá esa correlación entre hechos sea solo una mera coincidencia. El hecho de que dos eventos se den habitualmente de manera consecutiva no implica que uno sea causa del otro. Un ejemplo puede ser la correlación en el tiempo entre la edad a la que se ponen algunas vacunas y la aparición del autismo (ambas en los primeros años de vida), que no implica que la causa del autismo sean las vacunas. Es absurdo, pero si se analizan los datos resulta que el

dinero que se ha gastado Estados Unidos en ciencia y tecnología en los últimos diez años tiene una correlación del 99 por ciento con el número de suicidios en ese país por ahorcamiento, estrangulación o asfixia. Durante la pandemia se llegó a afirmar que la calvicie era un factor que agravaba la COVID-19. En realidad, como los casos más graves ocurrían en varones de edad avanzada, el número de calvos era mayor. Pero, obviamente, correlación no implica causalidad.

6. La regresión a la media puede ser engañosa. Esto quiere decir que no se puede descartar que los valores extremos que se suelen obtener en un experimento sean debidos a anormalidades debidas al azar o a errores de medida, y que por tanto no sean reales. Por eso hay que evitar la tentación de prescindir de los valores extremos o de no tenerlos en cuenta porque nos *estropean* la interpretación de los resultados o la hipótesis de partida.

7. Extrapolar más allá de los datos suele ser muy arriesgado. Los patrones de comportamiento encontrados en un determinado experimento no necesariamente pueden aplicarse fuera de ese experimento concreto. Sin ir más lejos, es muy difícil predecir

cómo se va a comportar una epidemia cuando los cambios son muy rápidos o nuevos o cuando cambian las condiciones (con o sin confinamiento), o simplemente comparándolo con otras epidemias anteriores.

8. Cuidado con la sensibilidad. La sensibilidad de un test diagnóstico representa la probabilidad de clasificar correctamente a los enfermos o, lo que es lo mismo, a los verdaderos positivos. Así, supongamos un test que detecta una enfermedad con muy pocos casos con una sensibilidad del 99 por ciento. Una persona puede dar positivo en ese test pero sin embargo no padecer esa enfermedad. Si ese test se aplica a 10.001 personas de las que solo una tiene la enfermedad, muy probablemente el test la detecte, pero puede haber otras 100 que den positivo (el 1 por ciento) y que no estén enfermas: son falsos positivos.

9. Los controles son muy importantes. Todos los experimentos deben tener su propio grupo de control. En un ensayo para comparar la eficacia de una vacuna experimental con otra que ya esté en uso, por ejemplo, un control negativo sería el grupo de personas al que no se vacuna y el control positivo el grupo al que se administra la vacuna ya en uso. En el ensayo

se compararían los resultados de la vacuna experimental con estos dos controles. Al grupo de control hay que tratarlo igual que al experimental, excepto por el hecho de que no se le aplica el tratamiento. Sin un control en el experimento es muy difícil determinar si un tratamiento realmente ha sido efectivo o no. El control ayuda a los investigadores a interpretar los resultados obtenidos y a estar seguros de que estos no son debidos a otras variables que hayan podido afectarlos. En los ensayos clínicos algunas personas pueden dar positivo debido al contexto, a la persona que interviene o incluso ¡al color de la pastilla! Es lo que se denomina efecto placebo, un fenómeno que ocurre cuando los síntomas de un paciente mejoran por el tratamiento con una sustancia inocua, es decir, una sustancia que no tiene ningún efecto relacionado con el tratamiento de la enfermedad. Dicho de otra manera, es el propio paciente el que se deja sugestionar por la sensación de ser tratado o la esperanza de curarse, y como resultado de ello puede encontrarse mejor o incluso facilitarse la recuperación. Muchos artículos científicos se rechazan por no haber incluido los controles correctos.

10. La distribución aleatoria reduce el sesgo. Los experimentos deben, en la medida de lo posible, colocar a los individuos o a los grupos sobre los que se va a intervenir de forma aleatoria, al azar. Si no se seleccionan los sujetos a estudio de forma aleatoria, puede haber un sesgo en el estudio que invalide los resultados o su interpretación.

11. Hay que repetir, repetir y... volver a repetir. Los resultados que son consistentes en estudios repetidos en poblaciones independientes son mucho más fiables. Cuanto más repitas un experimento más fiable será. Los resultados de este tipo de estudios se pueden combinar y pueden tener mayor valor estadístico que un estudio individual. En broma, se suele decir en los laboratorios que si un experimento te ha salido bien... ¡no lo repitas!, pues la segunda vez seguro que cambia el resultado, pero esta afirmación no deja de ser una broma. Hay que repetir: una observación única sirve para poco. Y si además lo repiten otros, mejor, es lo que se denomina un ensayo multicentro: varios grupos de investigación independientes realizando el mismo experimento.

12. Los científicos son humanos (aunque no lo pa-

rezcan). Los científicos tienen un gran interés en promocionar su trabajo, a menudo para obtener fondos de investigación y prestigio profesional. Esto puede llevar a mostrar sus resultados de forma sesgada, selectiva, subjetiva o exagerada. Como veremos más adelante, la revisión por pares de muchas revistas no es infalible, y los editores de esas publicaciones también pueden influir en la decisión final por razones de interés periodístico. Lo más convincente es, como hemos dicho, que un grupo de investigación independiente repita el experimento y obtenga el mismo resultado.

13. La significación estadística es muy importante. La significación estadística, expresada como «p», es una forma de medir la probabilidad de que un resultado ocurra por casualidad. Una p = 0,01 quiere decir que hay una probabilidad entre cien de que lo que parece un efecto del tratamiento haya ocurrido en realidad por azar. Por eso, cuanto menor sea la p más fiable es el resultado. Normalmente se suele aceptar que una p inferior a 0,05 (uno entre veinte) es un resultado estadísticamente significativo. Pero que un resultado sea estadísticamente significativo no quiere decir que la seguridad de que sea cierto sea del cien por cien.

14. Efecto nulo no es lo mismo que falta de significación estadística. Un resultado que sea estadísticamente no significativo (por ejemplo, con una p mayor de 0,05) no quiere decir que el resultado sea nulo y que no haya habido ningún efecto. Significa que no se ha detectado ningún efecto, que es distinto. Quizá si el tamaño de la muestra fuera mayor se podría haber observado algún efecto.

15. El tamaño (del efecto) no siempre es lo más importante. La importancia del efecto es también una cuestión biológica, física o social, no solo estadística. Si el resultado es estadísticamente significativo, aunque el efecto sea muy pequeño, este puede ser muy importante desde el punto de vista biológico.

16. No se puede generalizar. La relevancia que tenga un estudio depende de que las condiciones en las que se ha hecho sean lo más parecidas a la situación real. Así, hoy en día somos capaces de curar casi todas las enfermedades humanas... en ratones. Los resultados positivos en los experimentos con animales no siempre se repiten en los seres humanos. No somos ratones. Por eso, puede haber resultados excelentes de vacunas o de tratamientos en condiciones

de laboratorio, en células o en animales de experimentación que en humanos no funcionen.

17. Los sentimientos influyen en la percepción del riesgo. El riesgo es la probabilidad de que ocurra un evento en un periodo de tiempo, multiplicado por las consecuencias en caso de que ocurra. La percepción del riesgo depende de muchos factores: de la probabilidad de que ocurra, del control que nosotros pensamos que tenemos de la situación, de la adversidad de los resultados, de si el riesgo es voluntario o no. Por ejemplo, en Estados Unidos las personas subestiman el riesgo asociado a tener un arma de fuego en su casa y sobreestiman los riesgos de vivir cerca de una central nuclear. Es una cuestión de sentimientos. Curiosamente la percepción del riesgo de la pandemia ha sido muy diferente según la edad o la ideología política, cuando el virus no ha distinguido entre partidos ni tendencias.

18. El riesgo cambia cuando confluyen varios factores. Puede ser fácil calcular las consecuencias de un evento individual, pero si coinciden varios factores a la vez, la probabilidad del riesgo cambia totalmente.

19. Los datos pueden ser seleccionados intencionadamente. Como ya hemos visto antes, las evidencias

pueden manipularse para apoyar una determinada hipótesis o punto de vista. No es lo mismo interpretar los datos (previamente seleccionados) con una hipótesis de partida única que llegar a un hallazgo a partir de un enorme conjunto de datos sin seleccionar.

20. Las comparaciones son odiosas. Hay variables que dependen de múltiples factores. Si los resultados se simplifican y se atribuyen a un solo factor, se puede cometer un error de interpretación. Por eso, las comparaciones de resultados que dependen de muchos factores pueden ser poco fiables: comparar resultados de varias vacunas o tratamientos diferentes puede ser poco fiable.

En condiciones normales, la gente percibe el final del proceso científico, su resultado. Pero durante esta pandemia no solo han quedado patentes las *vergüenzas* de la ciencia, sino que hemos asistido al proceso mediante el que se hace ciencia. Lo que para algunos han sido contradicciones y rectificaciones continuas para otros es la forma natural de hacer ciencia.

Comunicar la ciencia

Uno de los aspectos positivos de esta última pandemia ha sido que ha habido una gran cantidad de información científica en los medios de comunicación. Conceptos como virus, PCR, anticuerpos, vacunas, inmunidad... han sido titulares de prensa. Hubo una demanda tremenda de información, y se tuvo que hacer un gran esfuerzo para convertir complejos conceptos científicos en información accesible para toda la ciudadanía. Ha habido ejemplos de periodistas científicos especializados que han hecho una labor excepcional. Sin embargo, como ya hemos comentado, el impacto sanitario, social, económico y político de la pandemia multiplicó también la desinformación. Con las redes sociales como escenario principal, la proliferación de manipulaciones gráficas, teorías conspiratorias, contenidos descontextualizados y, en definitiva, embustes de todo tipo, llevó en febrero de 2020 a que la OMS alertara sobre una *infodemia* superpuesta a la pandemia de coronavirus: «Una sobreabundancia de información –alguna exacta y otra no– que hace difícil que la gente encuentre fuentes dignas de crédito y fiables». Uno de los problemas que ya hemos comentado ha sido la dificultad de combinar la inmensa producción de información científica, la ciencia exprés, con la comunicación a la sociedad. Por eso es importante analizar cómo se comunica la ciencia y cómo esta pandemia puede cambiar nuestra forma de comunicarla.

En ciencia, si no cuentas a otros lo que has encontrado no tiene sentido tu trabajo. Nadie hace ciencia para ocultar su descubrimiento. Primero estudias lo que han hecho otros (la revisión bibliográfica), eso te sugiere nuevas preguntas, lanzas una hipótesis, buscas la respuesta con tus experimentos y compartes los resultados. Otros repetirán lo que tú has hecho y, a medida que se vayan confirmando los resultados, cada vez habrá más certezas y se irá consolidando la hipótesis de partida. La reproducibilidad es una de las condiciones para el avance de la ciencia. Si otros no pueden repetir tus resultados... algo falla. En este proceso son fundamentales las publicaciones científicas. Las primeras publicaciones de este tipo surgieron a finales del siglo XVII en Alemania e Inglaterra, y ya entonces algunas sociedades científicas impulsaron su edición para promover el intercambio de ideas. Hoy en día, el sistema de publicación científica es la base del progreso del conocimiento.

Pero ¿cómo se comunica la ciencia? Cuando mandas un manuscrito a una revista, el editor lo envía al menos a un par de revisores externos, otros especialistas de tu misma área de conocimiento que evalúan tu trabajo y le hacen recomendaciones, que van desde que el manuscrito merece ser publicado sin objeciones o que el autor debería corregir algunos aspectos antes de que sea aceptado hasta que su publicación debe ser rechazada por falta de originalidad, exactitud, precisión, etcétera. Este sistema de evaluación o revisión por pares (*peer review* en inglés) es una forma de autorregulación de la ciencia y de que la revista asegure la calidad de lo publicado. Pero, como todo, tiene también sus defectos. Puede ocurrir que alguno de los revisores, especialistas en el mismo campo que tú, sea además competidor o incluso colega, y que su valoración por tanto no escape de criterios subjetivos o se deje influenciar por sesgos fuera de lo estrictamente científico. A veces la valoración puede estar condicionada desde por el sexo del autor (si los artículos han sido escritos por una mujer o un hombre) hasta por su apellido o su procedencia geográfica (no es lo mismo que el autor sea norteamericano o británico que chino, indio o hispano). Además, este sistema de revisión por pares no evita que, como ya hemos visto, hasta a las revistas más prestigiosas se les pueda *colar* algún artículo de muy dudosa calidad o que sea incluso un auténtico fraude científico. A pesar de que este procedimiento es francamente mejorable, de momento es el mejor filtro que tenemos para evitar comportamientos no deseables.

Este sistema de publicaciones científicas es además un negocio muy lucrativo... para las editoriales. Normalmente, el autor cede todos los derechos a la editorial (por lo que pierde el control sobre el uso posterior de su trabajo publicado), mientras que los revisores hacen su trabajo de forma gratuita. Luego el propio autor, su institución y el resto de los investigadores deben pagar por leer el artículo, aunque el coste de edición y publicación han sido mínimos. Son grandes grupos editoriales que *venden* a las instituciones el acceso a muchos tipos de publicaciones científicas distintas. Si no pagas, no tienes acceso a esos resultados de investigación. Se puede dar la paradoja de que el propio autor deba pagar para poder acceder a su publicación. Obtener acceso a un artículo científico puede costar entre veinte y treinta euros. Desde hace ya cerca de veinte años se viene proponiendo el acceso abierto (*open access* en inglés) a las publicaciones científicas. El esfuerzo se ha centrado en los organismos financiadores, universidades y centros de investigación, que cada vez exigen más que la investigación realizada en sus instituciones y con dinero público sea de acceso abierto. Esto ha ido transformando el sistema: en vez de *pagar por leer*, ahora *pagas por publicar*. Si quieres que tu artículo sea de acceso abierto, la editorial puede solicitarte un pago previo de unos cuantos miles de euros. Pero al autor le interesa que su trabajo sea lo más accesible posible: es más probable que el artículo se cite y, cuanta más repercusión tenga su trabajo, mejor será para su propio currículum y para las entidades que lo financian. Además, este sistema beneficia a aquellos científicos o instituciones de países de bajos ingresos que carecen de los medios económicos necesarios para acceder a la literatura académica.

Como reacción contra el alto coste de compra de los artículos académicos, hace unos años, una joven investigadora de Kazajistán, Alexandra Elbakyan, creó el sitio web Sci-Hub. Cuando Elbakyan era estudiante necesitaba consultar artículos científicos, pero no tenía acceso a ellos ni tampoco el dinero para descargarlos. A los veintidós años se graduó en Ciencias de la Computación en la Universidad Técnica Nacional de Kazajistán, en Almaty, y se especializó en seguridad informática. En 2011 creó Sci-Hub para saltarse las publicaciones de pago y tener acceso abierto, e ilegal, prácticamente a cualquier artículo científico. El sistema no deja de ser una web pirata que no respeta los derechos de autor. Está basado en complejos algoritmos que acaban dejando en abierto millones de artículos de pago, por lo que Alexandra ha sido denominada la Robin Hood de la Ciencia. Sci-Hub ha tenido tanto impacto en el mundo científico que la revista *Nature* nombró a Alexandra Elbakyan como una de las diez personas más destacadas del año 2016. Obviamente esto no les ha hecho ninguna gracia a los grandes grupos editoriales de literatura científica. Elsevier, una de las mayores editoriales del mundo, interpuso una demanda millonaria contra Alexandra Elbakyan, pero como ella vive en Rusia... el tema sigue pendiente de momento.

A pesar de la polémica generada por este y otros sitios piratas, en principio parece que en el acceso abierto todo son ventajas: aumenta la visibilidad del trabajo científico, el proceso de publicación suele ser más rápido, facilita la cooperación y agiliza la transferencia de conocimiento. Sin embargo, el acceso abierto no es la panacea. Este sistema ha hecho que proliferen las llamadas revistas *depredadoras*, editoriales que no realizan una revisión por pares adecuada y que publican cualquier artículo siempre y cuando los autores paguen la tarifa de acceso abierto. Así, la calidad de algunas de estas publicaciones es muy cuestionable: un nuevo modelo de negocio que disminuye los estándares de calidad para aumentar los beneficios económicos. Por eso, algunas revistas con reputación mantienen su sistema de pago por suscripción amparándose en que su sistema de revisión de calidad les asegura un alto índice de impacto. Este índice de impacto es un sistema para comparar y evaluar la importancia relativa de una revista determinada dentro de una misma área de conocimiento, y se calcula en función del número de citas que reciben los artículos que publica. Publicar en una revista de alto índice de impacto, de momento, sigue siendo un indicativo de la calidad científica de tu trabajo. De hecho, la calidad del currículum de un investigador (y, en definitiva, su éxito y su capacidad de financiación) se suele medir según el número y la calidad de sus publicaciones: cuantas más publicaciones en revistas de alto índice de impacto y cuanto más citen tus publicaciones otros investigadores, mejor. Es decir, lo importante es ser publicado, y debes buscar la máxima audiencia. Por eso, nos guste o no, la ciencia se publica en inglés y en revistas de impacto. Y como el impacto se mide según índices bibliométricos (número de citas), al final la calidad de tu trabajo acaba siendo definida por el número e impacto de tus publicaciones. Esto es lo que significa la famosa frase *publish or perish*, publicas o pereces. Dicho con otras palabras, el sistema de evaluación de los investigadores se determina según índices bibliométricos, lo que en parte acaba pervirtiendo el sistema de las publicaciones científicas. Lo que empezó como la manera de comunicar, difundir y compartir el conocimiento ha acabado siendo un sistema, un tanto perverso, de evaluar y medir la calidad de los investigadores.

Como vemos, lo de publicar en ciencia es mucho más complejo de lo que nos podría parecer en un principio. Pero todavía hay más factores que debemos tener en cuenta. Todo este proceso que estamos detallando suele ser lento: desde que el autor obtiene los resultados hasta que aparecen publicados y son accesibles para la comunidad científica suelen pasar varios meses, en algunos casos incluso años. La necesidad de compartir los resultados de forma rápida entre la comunidad científica ha llevado a los investigadores a distribuir entre los colegas los documentos previos a la publicación. Estos *preprints* o prepublicaciones son, por tanto, los manuscritos que aún no han pasado la evaluación por pares. La distribución inmediata de los *preprints* permite a los autores recibir la opinión de otros colegas, lo que puede ser muy útil para revisar y mejorar su artículo. Con el tiempo se han creado servidores o repositorios donde se ofrece de forma abierta este tipo de trabajos preliminares. Una de las primeras áreas de conocimiento que se apuntó a este sistema fue la física teórica, pero desde 1991 existe un archivo en línea, denominado arXiv, para las prepublicaciones de artículos científicos en el campo de la física, las matemáticas, las ciencias de la computación y la biología cuantitativa. En 2013 se creó el repositorio bioRxiv para la biología y en 2019 medRxiv para las ciencias de la salud. Hoy en día existe este tipo de archivos de *preprints* en prácticamente todas las disciplinas, hasta el derecho o la filosofía. Se calcula que un 70 por ciento de los *preprints* acaban siendo finalmente publicados en uno o dos años (según datos de bioRxiv).

Como hemos comentado antes, el número de publicaciones científicas, y especialmente el de *preprints*, durante la pandemia ha sido de tal envergadura que no solo los propios científicos, sino las editoriales y las revistas especializadas se han visto desbordados.

Sobre el nuevo coronavirus y la COVID-19 se han publicado miles de artículos: en seis meses cerca de 40.000, además de otros 6.500 *preprints* en bioRxiv y medRxiv. Algunos sin la adecuada revisión, de muy baja calidad, pero otros con información vital. En muchos casos, como los ejemplos que ya hemos mencionado, han tenido gran repercusión mediática, se han malinterpretado y han acabado generando mucha desinformación. Esta situación ha causado falsas expectativas e incluso ha sido frustrante: ¿no era la ciencia la que nos iba a dar soluciones? ¿Me puedo creer todo lo que estoy leyendo? ¿Quién lee, estudia o asimila toda la información científica que se ha generado sobre la COVID-19 en tan poco tiempo? Esto pone de manifiesto que hoy en día necesitamos herramientas basadas en la inteligencia artificial y el análisis de textos y *big data* que sean capaces de extraer y ordenar toda la información que se genera. En la era de la posverdad, encontrar la verdad científica resulta ciertamente difícil.

Como vemos, la pandemia ha puesto de relieve los problemas de la publicación científica. Algunos ya anuncian que el sistema está colapsado y la forma de comunicar la ciencia debe cambiar. En principio, las prepublicaciones, la revisión por pares y el acceso abierto permiten cierto autocontrol. Pero que la evaluación del personal investigador se base casi exclusivamente en el número de las publicaciones y la *calidad* de los editores ha pervertido el sistema: el currículum se mide *a peso*. El futuro de un investigador acaba dependiendo de lo que publique, por eso se tiene prisa por publicar y se hace a cualquier precio. La competitividad entre los investigadores es enorme: luchan entre ellos para conseguir una financiación escasa e insuficiente, y el mérito depende, como vemos, de sus publicaciones. Por otra parte, a los medios de comunicación y a las propias revistas científicas no les suele interesar publicar experimentos con resultados negativos: el resultado positivo *vende* y es más fácil que acabe siendo noticia. Pero ojo, no es lo mismo un experimento que no sale bien –porque tiene errores, por ejemplo– que uno en el que el resultado es negativo –como cuando se demuestra que no hay un efecto en un tratamiento–. Esta falta de interés ha generado que prácticamente no se publiquen experiencias y resultados negativos de investigación, algo que podría hacer avanzar mucho más rápido el conocimiento científico: sin ir más lejos, tan importante acaba siendo que un antiviral funcione y sea capaz de bloquear al virus como lo contrario. No cabe duda de que es necesario un cambio de modelo, una nueva forma de evaluar al investigador y de publicar la ciencia.

A pesar de todo esto, se calcula que cada día se publican más de siete mil artículos científicos y la mayoría no serán nunca ni leídos ni citados. El viejo dicho *publish or perish* (publicas o pereces) debería cambiarse por *visible or vanish*, o haces visible tu ciencia o desapareces. En definitiva, la ciencia que no se cuenta, no cuenta. La pandemia ha demostrado también que la comunicación y la divulgación científica tienen una importancia esencial por su papel de intermediación entre la ciencia y la sociedad. La divulgación de la ciencia no solo es un derecho (el artículo 27 de la Declaración Universal de los Derechos Humanos dice así: «Toda persona tiene derecho [...] a participar en el progreso científico y en los beneficios que de él resulten»), sino que también es una obligación. La nueva fórmula, I+D+i+d (Investigación + Desarrollo +

innovación + divulgación), sustituye a la ya clásica I+-D+i. Ahora más que nunca los investigadores tienen que implicarse en acercar la ciencia a los ciudadanos. El conocimiento científico enriquece el debate público y fortalece la democracia, forma espíritus críticos y libres. Comunicar la ciencia es mucho más que publicar un artículo en una revista. Con un blog, por ejemplo, llegas donde no llegan tus publicaciones. La divulgación científica de calidad puede ayudar a explicar y acercar el conocimiento científico a los ciudadanos. Pero, atención, comunicar los resultados de una investigación a través de una nota de prensa, sin aportar ningún dato y sin ninguna publicación científica que lo soporte, no es ciencia, es propaganda.

Detrás de muchas crisis hay también una crisis de comunicación. Según los expertos en comunicación, en épocas de crisis es fundamental transmitir confianza. Lo peor que puede ocurrir es que la gente piense que les están mintiendo. La información tiene que ser veraz porque la verdad tranquiliza. Para eso es necesario transparencia y claridad. Transparencia es contar lo que sé, *todo* lo que sé. Por eso la información debe ser abundante y rigurosa; sin embargo, dar muchas ruedas de prensa no es sinónimo de transparencia. Al mismo tiempo la información deber ser clara y sencilla, porque el objetivo es que nos entiendan, contar para que nos comprendan. Y para que nos comprendan hay que conocer las preguntas y las dudas de la gente para poder dar respuesta a su miedo y a sus interrogantes. Para que haya comunicación, el *otro* debe entender lo que se le dijo. Estas ideas tan sencillas son la base para una buena comunicación en tiempos de crisis. Los medios de comunicación deben ser aliados de los científicos porque cuanto más y mejor informada esté la ciudadanía, menos pánico y menos bulos se transmitirán. En estos tiempos que estamos viviendo ahora, la divulgación científica cobra sin duda una mayor relevancia y es la forma de devolver la confianza en la ciencia.

En busca de un líder

Taiwán, Nueva Zelanda, Islandia, Finlandia, Dinamarca, Noruega... son países en los que la pandemia de COVID-19 ha sido gestionada con éxito, al menos al principio. ¿Qué tenían en común estos países? Todos son liderados por mujeres. No tengo una base científica para afirmar que las mujeres gestionan mejor que los hombres, quizá sea una correlación curiosa, y ya hemos visto que correlación no es lo mismo que causalidad. Sin ir más lejos, Portugal, Grecia y Uruguay, dirigidos por hombres, también han gestionado bien la crisis. Es decir, quizá haya sido una mera coincidencia, pero lo que sí es evidente es que durante esta crisis ha quedado patente la falta de liderazgo internacional. Es verdad que las pandemias son difíciles de gestionar, por eso son pandemias. Pero prácticamente no ha habido ningún dirigente internacional que haya destacado por su liderazgo, con excepción de los países mencionados. Tenemos que construir organizaciones y alianzas internacionales efectivas capaces de enfrentarse a este tipo de crisis globales. Ante una pandemia, no tiene mucho sentido un abordaje regionalista o local, porque los virus no conocen nuestras fronteras: el virus no sabe si está en Cataluña, Aragón o Navarra, le da igual si la competencia es autonómica o estatal. Las fronteras de un virus no son nuestras fronteras. Se necesitan líderes con una visión global, que prioricen lo colectivo por encima de lo individual. En crisis como la que hemos vivido se echan en falta líderes cuya acción se base en tres pilares básicos: empatía, veracidad y conocimiento.

Un líder deber tener éxito haciendo el bien, siendo una persona *supersocial*, sabiendo ponerse en el lugar del otro, sabiendo acompañar. En momentos de crisis, el líder tiene que ser capaz de tender puentes, atraer la confianza y la cooperación, ser un elemento de consenso, unión e integración entre personas y grupos diferentes, sin imposiciones ideológicas. Con flexibilidad, el líder debe ser capaz de rodearse de los mejores, independientemente de su ideología, porque el objetivo es la salud, la seguridad y el bienestar de todos. Por el contrario, durante la pandemia hemos sido testigos de dirigentes que ponían por delante del bien común su rendimiento político, estaban más preocupados de proteger su puesto que el beneficio de los demás. Han sobrado dirigentes que han generado crispación, desconfianza, distanciamiento, discrepancia. Un líder no puede dejarse guiar por el populismo, el fanatismo, el fundamentalismo o el partidismo. Un líder es de todos y para todos.

La verdad siempre inspira confianza y ayuda a perseverar. Como hemos comentado más arriba, transparencia es decir lo que se sabe, todo lo que se sabe... y lo que no se sabe. Se suele pensar que la población entrará en pánico en momentos de emergencia, pero hay pocas evidencias de que esto realmente ocurra así, es más una idea que proviene de esas películas norteamericanas sensacionalistas sobre terremotos o grandes crisis. En realidad la probabilidad de que la gente entre en pánico por lo que diga un dirigente es más bien baja y ese afán paternalista de algunos gobernantes de protegernos de las malas noticias como si fuéramos menores de edad no suele dar buen resultado. La transparencia es la base de la confianza y un líder debe tratar a la gente como adultos, con mensajes claros y contundentes. Lo que convence es la integridad, el desinterés, la actitud de servicio del líder. La verdad atrae, mentir o negar la evidencia nunca es buena solución. Un ejemplo concreto sobre esto sería la información sobre las vacunas. Para crear un ambiente de confianza frente a la vacunación el mensaje debe ser veraz y transparente, explicando cómo se fabrican las vacunas, cómo actúan en nuestro organismo, qué compuestos contienen y por qué, cómo se analizan, cómo sabemos que son efectivas y seguras e informando sobre sus posibles riesgos y efectos secundarios.

La gestión debe estar basada en evidencias. En algunos líderes mundiales existe una corriente de pensamiento negacionista que promueve una desconfianza hacia la ciencia en temas como el cambio climático o las vacunas. Ignorar la ciencia durante la pandemia y hacer afirmaciones públicas sin evidencias científicas ha tenido consecuencias desastrosas. También la ignorancia puede ser un potente vector o transmisor de enfermedades. En otros casos, la ciencia o *los expertos* han sido la excusa para ocultar las deficiencias de liderazgo. El conocimiento facilita el progreso de la civilización humana. Esta pandemia ha puesto de manifiesto la necesidad de la comunicación real y permanente entre ciencia y política, de promover una cultura política cercana a la ciencia y el asesoramiento científico a los políticos. El político deber conocer las limitaciones de la ciencia. No todo lo que está escrito en una publicación científica es la verdad absoluta, como ya hemos visto. No se pueden esperar respuestas a preguntas que la ciencia todavía no puede responder. Pero para la acción política es necesaria la ciencia. Las posibilidades de que las decisiones políticas sean las correctas para el bien común aumentan si están basadas en el conocimiento existente, en datos, en evidencias. A la hora de legislar o actuar, los políticos se pueden enfrentar a materias complejas y pueden necesitar conocimientos e información independiente, un asesoramiento científico y tecnológico. Científicos y políticos trabajan en entornos muy diferentes y emplean lenguajes y dinámicas distintas.

Para facilitar ese debate entre ciencia y política, existen las Oficinas de Asesoramiento Científico y Tecnológico, presentes en veintidós parlamentos del mundo. Son espacios donde los parlamentarios de cualquier grupo puedan documentarse sobre los últimos descubrimientos científicos y tecnológicos para preparar sus propuestas. Desgraciadamente, España carece de una oficina de este estilo. En 2018 hubo una iniciativa ciudadana independiente, #CienciaenelParlamento, que organizó las primeras jornadas entre científicos y políticos en el Congreso de los Diputados para debatir sobre temas de relevancia social. A pesar de la buena acogida que tuvo —logró el apoyo de miles de personas, de más de doscientas instituciones, de la Presidencia y de la Mesa del Congreso de los Diputados y de todos los grupos parlamentarios—, la falta de liderazgo y la crispación política de estos últimos años han impedido que esta iniciativa se consolide como una oficina independiente y neutral.

Pero una cosa es el asesoramiento científico al Congreso, al legislativo, y otro diferente el asesoramiento de expertos al Gobierno, el ejecutivo, a un ministerio o a un partido político. Son cosas diferentes, el asesoramiento al legislativo es plural y ocurre en un entorno donde todos los grupos políticos tienen acceso al mismo conocimiento, que busca sentar las bases de futuros debates parlamentarios en temas que necesitarán legislación a medio y largo plazo. El asesoramiento científico no es lo mismo que la política científica: se trata de hacer ciencia para la política, no política científica. Que quede claro también que el objetivo no es reclamar más financiación, aunque como veremos más adelante esto sea fundamental. En el asesoramiento científico es muy importante definir el papel del asesor y del político. El asesor científico es el que ofrece la información y trata de contestar todas las preguntas, pero la decisión la debe tomar el político. El asesor debe respetar la decisión, incluso puede que muchas veces no la comparta. Pero al mismo tiempo, el político, el líder, deber ser el responsable de la decisión tomada, y no esconderse o justificarse en frases como «lo que dice la ciencia» o «lo que dicen los expertos» para legitimar sus decisiones. El científico asesora, el político gestiona, así que la responsabilidad de la decisión última es del político.

Un líder no puede tener una mirada cortoplacista. Su acción debe ir dirigida primero a una respuesta rápida a la crisis, luego a una recuperación de lo perdido y finalmente a aprovechar la oportunidad para fomentar un mayor progreso y desarrollo. Hay que aprovechar las crisis para favorecer cambios estructurales que pudieran estar pendientes o atascados por la inercia de años anteriores. En este caso, dos de esos cambios pendientes que nos situarían mejor preparados para el futuro son, como veremos a continuación, la apuesta por la ciencia básica y por la estrategia One Health (Una Salud).

La importancia de la investigación básica

En plena Segunda Guerra Mundial un grupo de excéntricos investigadores dedicaban sus esfuerzos a estudiar cómo los virus eran capaces de multiplicarse en el interior de las bacterias aisladas del intestino. ¿A quién le podía interesar, durante el conflicto bélico más dramático y mortífero de toda la historia de la humanidad, qué hacían unos microscópicos seres llamados virus dentro de una bacteria que se aislaba del colón humano? Ese grupo de investigadores, conocido como el Grupo Fago (bacteriófago, o simplemente fago, es como se denominan los virus que infectan bacterias), estaba constituido, entre otros, por el físico alemán Max L. H. Delbrück (1906-1981), el microbiólogo Salvador E. Luria (1912-1991) y el bioquímico Alfred D. Hershey (1908-1997). A los tres les fue otorgado el Premio Nobel de Medicina varios años después, en 1969. Con experimentos muy sencillos y básicos fueron capaces de dilucidar los mecanismos de multiplicación y la estructura genética de los virus, de establecer los conceptos de mutación y de intercambio genético y de demostrar que el ADN y no las proteínas es la base genética de la herencia. Experimentos que podrían parecer absurdos fueron la base para el nacimiento de la biología molecular y la ingeniería genética, que cambiarían la ciencia de finales del siglo XX.

En agosto de 1993, un joven microbiólogo que estaba realizando su tesis doctoral en el Departamento de Genética Molecular y Microbiología de la Universidad de Alicante, publicó un artículo en el que se describían por primera vez unas secuencias de nucleótidos repetidas en el genoma de un curioso microorganismo, el *Haloferax mediterranei*, una arquea (un microorganismo similar a una bacteria) aislada unos años antes en las salinas de Santa Pola, en Alicante. En su laboratorio estaban interesados en entender cómo este pequeño microorganismo era capaz de vivir en una laguna con altísimas concentraciones de sal, que en teoría eran incompatibles con la vida.

Seguro que algún familiar o amigo suyo más de una vez le habría preguntado eso de «Pero esto que estudias, ¿para qué sirve?». Aquel joven microbiólogo se llamaba Francis J. Mojica, y lo que entonces ignoraba es que sus trabajos serían el inicio de una historia apasionante que cambiaría la ciencia de los inicios de este siglo. Mojica se percató de que ese patrón de secuencias repetidas que se había encontrado en el genoma de aquel microorganismo de las salinas estaba presente en otras bacterias muy diferentes. Años después, ese descubrimiento dio lugar a lo que hoy conocemos como CRISPR (*Clustered Regularly Interspaced Short Palindromic Repeats*, repeticiones palindrómicas cortas agrupadas y regularmente interespaciadas). Sin saberlo, Francis J. Mojica había comenzado una nueva revolución en la ciencia. En 2015 la revista *Science* seleccionó el sistema CRISPR como el avance científico más relevante del año. Hoy en día es el sistema de edición genética más empleado en todos los laboratorios del mundo. Esta tecnología se emplea para editar de manera eficaz y con una precisión exquisita cualquier tipo de genoma de bacterias, plantas, animales e incluso de células humanas. Permite modificar el ADN, hacer mutaciones, inserciones, deleciones, reparar fallos en el genoma, eliminar un gen, añadir otro, regular su expresión, hacer modificaciones epigenéticas, visualizar regiones concretas del genoma... CRISPR ya se está aplicando para obtener plantas resistentes a plagas, animales con una mayor masa muscular, órganos más seguros para trasplantes en humanos, mosquitos que no transmitan el dengue o la malaria, para la terapia génica y para estudiar, prevenir y curar enfermedades como la diabetes, el autismo o las infecciones virales, e incluso para diagnosticar la COVID-19... Las posibilidades son infinitas. Una vez más, el trabajo de Mojica es un ejemplo de cómo la investigación básica, y aparentemente más inútil, puede acabar revolucionando la ciencia: ¿qué interés puede tener analizar unas secuencias repetidas en el genoma de un microorganismo aislado en una charca de sal en Alicante? En los últimos años, el nombre de Francis J. Mojica ha sido propuesto como posible candidato al Premio Nobel de Medicina.

A pesar de estos ejemplos, la historia se repite con tozudez. Si hace unos pocos meses nos hubieran pedido la opinión sobre si se deberían dedicar fondos públicos de nuestros impuestos para financiar a un grupo que investigara los virus que hay en los murciélagos, ¿qué hubiéramos dicho?, ¿a quién le interesa saber qué virus colonizan esos *asquerosos bichos*? Ahora miramos a los laboratorios de investigación, que hemos tenido estrangulados durante más de una década, para que consigan una vacuna cuanto antes. Ahora más que nunca somos conscientes de que la investigación no es un gasto, sino una inversión. Lo que puede pasar como mera curiosidad intelectual acaba revolucionando la vida de las personas.

La solución a muchos de los problemas que surgirán en el futuro está en la ciencia, sobre todo en la ciencia básica, y en la tecnología. Una mirada cortoplacista que busca solucionar los problemas del aquí y ahora nos puede dejar de nuevo indefensos para los retos del mañana. No tiene mucho sentido que después de la pandemia todas las convocatorias de investigación sean sobre coronavirus, por ejemplo. Como hemos visto, los grandes avances de la ciencia, los descubrimientos más disruptivos y las soluciones más originales a muchos de los problemas globales suelen surgir al estudiar lo más básico: las bacterias y virus del intestino, la vida en una salina perdida en la costa mediterránea o los murciélagos que habitan en las cuevas. Lo que parece más inútil acaba transformando el mundo: a veces la solución está en la ciencia que parece más absurda. Por eso es tan importante apostar por el conocimiento científico.

De la ciencia y de la tecnología pueden surgir las soluciones a los problemas globales del ser humano. Veamos un ejemplo. La biotecnología, la informática, la robótica, la ingeniería de sistemas, la inteligencia artificial y el análisis masivo de datos han jugado un papel fundamental durante la pandemia. Un virus ha acelerado la digitalización del mundo y está completando la revolución tecnológica que ya estábamos viviendo. Actualmente, los modelos epidemiológicos basados en la inteligencia artificial son capaces de integrar datos genómicos, de redes sociales, de geolocalización y de mortalidad y morbilidad para lograr predecir con gran exactitud cuándo y dónde van a ocurrir brotes epidémicos. Mediante métodos de inteligencia artificial ya somos capaces de predecir el nivel de afinidad molecular entre un gran número de fármacos existentes y las proteínas específicas de un virus, lo que puede acelerar de forma espectacular el proceso de identificación y validación de posibles fármacos (lo que se tardaría meses o años en lograr, ahora se puede hacer en días). Los sistemas de aprendizaje profundo (*deep learning*) pueden superar nuestras habilidades a la hora de interpretar elementos como la inmensa cantidad de datos, textos e imágenes. Por ello se han aplicado para diagnosticar la COVID-19 en segundos solo a través de imágenes radiológicas con una exactitud superior al 96 por ciento, para analizar diferentes patrones de propagación de las noticias en las redes sociales y detectar bulos de forma efectiva tan solo unas horas después de empezar a propagarse o para entresacar información valiosísima entre los miles de artículos científicos publicados y que nadie puede estudiar en su totalidad. También la inteligencia artificial se ha empleado para desarrollar aplicaciones de seguimiento de los ciudadanos que han estado en zonas de contagio o que padecen la enfermedad, lo que puede facilitar el rastreo y control. Pero, obviamente, todo esto debe combinarse con el mantenimiento del derecho a la intimidad, a la protección de datos y con el consentimiento informado. Hay que intentar mantener la salud, la economía, la libertad y la privacidad, pero todo al mismo tiempo puede que no sea posible, hay que priorizar. ¿Qué es más importante? Vemos que un aspecto que se revela fundamental en el control de las epidemias es la disponibilidad de datos. Recopilar información, actualizarla y dejarla disponible y accesible es una herramienta valiosísima para la gestión. Pero no podemos olvidar que, de nuevo, la transparencia es esencial.

Por otra parte, uno de los grandes problemas es la financiación, no solo de la ciencia básica, sino de la investigación en general, que se sigue contemplando como un problema de gasto, cuando estamos viendo que la investigación es una inversión de futuro. En España la situación de la ciencia roza ya el colapso, dado que es uno de los países de la Unión Europea más retrasados en su inversión en I+D. Esta supone el 1,24 por ciento del PIB (producto interior bruto), cada vez a más distancia de otros países europeos, cuya media es del 2,06 por ciento. El objetivo de la Unión Europea para el 2020 era que esta inversión alcanzara el 3 por ciento. Ni tan siquiera llegamos a la mitad de la inversión que se había fijado. Además, mientras la mayoría de los países europeos han incrementado su inversión en I+D desde la crisis de 2009, en España se ha reducido. Junto con Polonia, somos el país en el que más ha caído el gasto público en I+D desde el comienzo de aquella crisis y seguimos sin recuperar los niveles de hace diez años. Pero es que, además, no solo cae el presupuesto público para I+D, sino que la mitad de ese presupuesto ¡no se ejecuta y no se llega a gastar! A esto hay que añadirle la queja generalizada del exceso de burocratización y de las dificultades y la lentitud en la gestión de los proyectos de investigación. Los investigadores acaban dedicando más tiempo al papeleo, a la búsqueda de financiación y a la elaboración de informes que a investigar. Además, los fondos dedicados a la formación de los investigadores más jóvenes siguen cayendo desde 2011, y nuestra capacidad de retener y atraer talento es mínima. Muchos buenos investigadores, muy bien formados en España pero que ahora trabajan en el extranjero, no encuentran las condiciones adecuadas para volver a nuestro país. Llevamos años de recortes y bajadas y no ha sido hasta 2018 cuando la inversión pública y privada ha subido un poco, pero no lo suficiente.

Recuerdo una entrevista, en pleno auge de la pandemia, con un investigador que lideraba uno de los proyectos españoles sobre las vacunas contra la COVID-19. Este investigador empezó su carrera en 1997 y trabaja en el Centro Superior de Investigaciones Científicas (CSIC) desde el 2006. Con más de veinte años de experiencia, la pandemia le cogió todavía sin un puesto de trabajo fijo. Por otra parte, los tres proyectos de vacunas contra la COVID-19 más importantes del CSIC estaban liderados por investigadores ya jubilados, excelentes científicos que por sus capacidades y su vocación seguían en primera línea. Pero de los veintisiete investigadores que trabajaban en esos proyectos, diecinueve tenían contratos temporales. La ciencia en España agoniza, y en esta situación tan lamentable es imposible enfrentarse a una crisis global. Urge un gran pacto político y social para defender la ciencia, porque #SinCienciaNoHayFuturo.

La mayoría de la gente puede estar de acuerdo con

la frase anterior, pero desgraciadamente la realidad es muy diferente. Cada dos años, la Fundación Española para la Ciencia y la Tecnología (FECYT) realiza una encuesta de percepción social de la ciencia en España. Los resultados de la encuesta demuestran que el interés de la ciudadanía por los temas de ciencia y tecnología va aumentando con el tiempo: si en 2004 solo el 7 por ciento de los encuestados mostraron algún interés, en 2018 ya era más del 16 por ciento. Pero esos datos tienen también otra lectura: al 84 por ciento de la población no le interesa la ciencia. Además, ese interés del 16 por ciento sigue atascado desde 2012: en los últimos ocho años no parece que el interés por la ciencia y la tecnología haya aumentado. Si a la gente no le interesa la ciencia, se entiende que no sea un tema prioritario en los medios de comunicación y que prácticamente no esté en la agenda de los partidos: ¿en cuántos debates políticos se ha hablado de ciencia? En realidad podríamos decir que el tema es una pescadilla que se muerde la cola: ¿no es un tema prioritario para los medios de comunicación y los políticos porque al ciudadano no le interesa la ciencia o esta no le interesa al ciudadano porque no se habla de ella?

Podríamos esperar que esta crisis de la COVID-19 hubiera cambiado las perspectivas. En el mes de junio de 2020, la Unión Europea llegaba a un acuerdo histórico con el compromiso de aportar 750.000 millones de euros para el fondo de recuperación tras la pandemia. Sin embargo, y con gran asombro y decepción de la comunidad científica, ese acuerdo no incluía un aumento de la inversión en ciencia, sino una rebaja para la partida de Investigación y Desarrollo de unos cuantos miles de millones de euros. Quizá el Brexit y la salida del Reino Unido de la Unión Europea hayan podido influir (este país era uno de los grandes financiadores de la ciencia y la tecnología en Europa), pero el mensaje a la sociedad es claramente erróneo, propio de unos líderes incapaces de tener una visión de futuro: en plena pandemia mundial no solo no aumenta el presupuesto para la ciencia, sino que incluso se recorta.

La estrategia One Health

Para enfrentarse a una pandemia es fundamental la estrategia One Health (Una Salud). Aquellas teorías primitivas de los humores o miasmas como causantes de las enfermedades reflejaban en el fondo la idea de que existían complejas interacciones entre factores externos e internos del cuerpo humano. La idea, por tanto, de que todo está relacionado no es nada nuevo, pero la excesiva especialización profesional que hemos sufrido durante el siglo XX nos ha conducido a una separación de disciplinas excesiva y con consecuencias. El concepto One Health fue introducido a comienzos de la década del 2000, englobando una noción conocida desde hace más de un siglo: que la salud humana y la sanidad animal son interdependientes y que están vinculadas a los ecosistemas en los cuales coexisten. Los problemas complejos y globales, como es una pandemia, deben abordarse desde planteamientos también globales. Las enfermedades de origen animal a las que el hombre es sensible representan riesgos mundiales para la salud pública. Otras enfermedades de transmisión de persona a persona circulan también en animales o tienen un reservorio o almacén animal identificado y pueden causar graves crisis sanitarias como ha quedado patente con esta pandemia y muchas otras anteriores. Estos riesgos se acentúan con la globalización y el cambio climático y de comportamiento humano, lo que multiplica las oportunidades para que los patógenos colonicen nuevos territorios y evolucionen hacia nuevas formas más virulentas para el ser humano.

La relación entre patógeno y enfermedad es mucho más compleja de lo que nos imaginamos. No todos los patógenos acaban causando epidemias, ni siquiera todos los microorganismos afectan por igual a las distintas personas. El que un patógeno cause una enfermedad, una epidemia o incluso una pandemia depende de varios factores: del propio microorganismo, del hospedador al que va a infectar y del medio ambiente. Las propiedades del microorganismo influyen en su capacidad de causar una epidemia: su modo de transmisión, su resistencia o permanencia en el ambiente, la duración de la infectividad, su capacidad para invadir y escaparse del sistema inmune del hospedador, su variación y evolución, su resistencia a las terapias antimicrobianas... en definitiva, las características biológicas del virus, la bacteria o el parásito. Pero un mismo microorganismo puede causar a unas personas una enfermedad mortal mientras que en otras puede pasar desapercibido. Lo hemos visto con el coronavirus SARS-CoV-2: los menores de edad prácticamente ni se han enterado de su existencia mientras que en mayores de ochenta y cinco años la mortalidad podía llegar al 40 por ciento. La edad, el sexo, el estado nutricional, la inmunidad, factores genéticos, la infección con otros patógenos al mismo tiempo, padecer otras enfermedades..., todos estos elementos determinan la aparición y la gravedad de la enfermedad y la condicionan. Y no todo depende del microorganismo y de su hospedador, sino que también influyen otros factores externos y ambientales. La densidad de población, el clima y los cambios ambientales, el abastecimiento de agua, la existencia de un sistema sanitario robusto, los calendarios de vacunación, la distribución de posibles vectores que transmitan el patógeno o la existencia de un reservorio o almacén del patógeno en animales acaban repercutiendo en la tasa de mortalidad de un microorganismo.

¿Cómo surgen nuevos patógenos? Como estamos viendo, la aparición de enfermedades infecciosas depende de la biología y la ecología del agente infeccioso, de su hospedador y de sus vectores. Entender cómo influye la dinámica de los ecosistemas en la evolución de los agentes infecciosos en su hábitat natural es fundamental para evaluar el riesgo de una infección. Los genomas de los patógenos evolucionan en la naturaleza por fenómenos de mutación, recombinación, transferencia horizontal e hibridación, según la presión ambiental a la que estén sometidos. Entender su ciclo biológico, su modo de transmisión, su capacidad de saltar de una especie a otra y su dinámica en su hábitat natural es fundamental para entender su posible emergencia en el ser humano.

¿Puede volver a ocurrir una pandemia? Ya hemos visto que sí y que hay factores comunes que han influido en la aparición de todas las pandemias: el hacinamiento de la población, el contacto con los animales, la movilidad de las personas y el clima. Según datos de la Organización Mundial de Sanidad Animal, dependiente de Naciones Unidas y similar a la OMS o la FAO, un 60 por ciento de las enfermedades infecciosas humanas conocidas y un 75 por ciento de las enfermedades humanas emergentes son de origen animal. La mayoría son zoonosis, enfermedades que se transmiten de manera natural de los animales al ser humano o viceversa. Muchas otras son transmitidas al ser humano por vectores animales, desde roedores, pulgas y garrapatas hasta moscas y mosquitos. Se conocen más de cien infecciones distintas transmitidas por artrópodos, y probablemente el mosquito sea el animal más peligroso del planeta: causa más de 725.000 muertes cada año, al ser transmisor de cientos de patógenos distintos. Hoy sabemos que enfermedades como la rabia, la gripe, el ébola, la salmonelosis, el VIH, la brucelosis, la triquinosis, las infecciones por hantavirus, el carbunco, la fiebre Q, la peste bubónica, la tularemia, el dengue, la leishmaniosis, el zika, la malaria, la toxoplasmosis y, por supuesto, los coronavirus SARS, MERS y SARS-CoV-2, así como un largo etcétera, son de origen animal o transmitidas por vectores. No solo la densidad humana influye en la transmisión de enfermedades; el hacinamiento en las granjas es, también, un factor que hay que controlar. Una de las razones por las que la mayoría de los virus de la gripe con potencial pandémico surgen en China es porque las poblaciones de aves, cerdos y personas que viven juntas en ese país es inmensa y el virus circula y se recombina libremente entre ellas. El origen de brotes de enfermedades infecciosas en los mercados de animales vivos chinos está ya bien documentado. Controlar muchas de estas enfermedades en humanos requiere antes controlarlas en los animales, por eso no se entiende por qué los especialistas en enfermedades infecciosas animales, los veterinarios, no tienen un papel más protagonista en salud pública. Ha sido un gran error no contar con la experiencia de los veterinarios en esta pandemia, son profesionales acostumbrados a controlar grandes brotes epidémicos entre los animales. La salud de las personas depende de la salud de los animales. Distintos factores, entre los que intervienen los propios patógenos y el ambiente externo, condicionan su evolución desde su origen en animales hasta su adaptación al ser humano. Existen iniciativas internacionales muy interesantes, como Global Viral, que mantienen laboratorios en África central y en el sudeste asiático y buscan nuevos virus en animales salvajes, con el objetivo de descubrir esos primeros estadios de la evolución, patógenos que todavía no se han adaptado al ser humano pero que son potencialmente peligrosos. Para ello toman muestras de animales silvestres y salvajes para, mediante análisis de metagenómica (secuenciación y análisis de todos los genomas de la muestra), detectar nuevos patógenos que han infectado a esos animales y que potencialmente podrían pasar al ser humano. Se trata de entender cómo es este proceso de evolución hacia la emergencia de nuevos patógenos para prevenir o adelantarse a futuras infecciones, a futuras nuevas pandemias.

El clima es otro de los factores que condicionan la salud global. Por una parte, pequeños cambios de humedad y temperatura pueden modificar la distribución geográfica de muchos vectores, como garrapatas y mosquitos, que transmiten enfermedades infecciosas. Esa es la razón por la que algunas enfermedades llamadas tropicales dejan de serlo y emergen en otras latitudes. Es el caso del dengue, la malaria, el zika, la fiebre del Nilo occidental y un largo etcétera que ya pueden encontrarse en Europa o Norteamérica. Por ejemplo, desde 1998 hay una diseminación de la enfermedad de la lengua azul por toda Europa, una infección devastadora causada por un virus que afecta a los rumiantes y que se transmite especialmente por las picaduras del mosquito *Culicoides*. Los expertos están de acuerdo en que el cambio climático ha sido la causa principal de su extensión por nuestro continente. Además del clima, las transformaciones ecológicas promovidas por el ser humano pueden alterar las migraciones de animales como las aves, modificar la densidad de población de los roedores, favorecer el contacto del ser humano con animales silvestres o salvajes... y todo ello puede contribuir a la aparición o extensión de nuevos patógenos. Así, los cambios en los patrones de migración de las aves y en la población de aves acuáticas pueden modificar el ciclo de transmisión del virus de la gripe y su supervivencia y persistencia fuera del hospedador. Esto, a su vez, puede influir en el riesgo de exposición al virus de la gripe en aves domésticas y en humanos.

En el caso concreto de la COVID-19, no tenemos pruebas de que el deterioro medioambiental haya tenido alguna influencia directa en su aparición, pero eso no significa que no la haya tenido en otras pandemias pasadas o que no pueda tenerla en el futuro. La destrucción o alteración de los ecosistemas, la contaminación ambiental, el cambio climático, el movimiento a nivel global –no solo de personas, sino también de plantas y animales, cada uno con agentes infecciosos que los acompañan–, las prácticas de ganadería intensiva, el abuso de pesticidas, fertilizantes y antibióticos que seleccionan mosquitos (vectores) y bacterias resistentes y nuestro sistema de vida son factores con un efecto catalizador en la aparición o distribución geográfica de agentes infecciosos que aumentan el riesgo de nuevas infecciones. La salud del planeta afecta directamente a nuestra salud. En este sentido, la pandemia ha vuelto a cuestionar si es posible mantener en el planeta un crecimiento económico continuo. Al hacer su balance anual, desde las grandes multinacionales hasta las empresas más pequeñas evalúan su beneficio como un incremento: cada año hay que producir, vender y consumir más que el anterior. Pero vemos que las consecuencias de ese crecimiento constante afectan a la salud del planeta y, en consecuencia, a la nuestra. En el último siglo ha aumentado la práctica agrícola entre un 70 y un 80 por ciento, sobre todo el monocultivo intensivo, por la enorme demanda de proteínas de origen animal; más de la mitad de la población mundial vive en grandes urbes y el número de megápolis con más de diez millones de habitantes sigue aumentando; menos del 20 por ciento de la población mundial tiene acceso al 80 por ciento de los recursos del planeta; siguen aumentando el riesgo de erosión de los suelos, la degradación de los ecosistemas, la salinización y la emisión de gases de efecto invernadero; se incrementan la temperatura global del planeta y la frecuencia e intensidad de los fenómenos naturales extremos; el efecto sobre la biodiversidad animal y vegetal hace que algunos ya hablen de una nueva extinción masiva. La decisión no es fácil. La respuesta a si debemos limitar el crecimiento constante será diferente si la pregunta la haces en una sociedad de un país en vías de desarrollo o en Europa o Norteamérica. En las sociedades preindustriales, la gente se preocupa por la supervivencia. Más de ochocientos millones de personas en el mundo, la mayoría en África, viven en la más absoluta pobreza. Negar a esa gente el acceso a la energía fósil, sin ir más lejos, puede suponer una sentencia de muerte para muchos de ellos. Pero conforme las sociedades van mejorando su nivel de vida van siendo cada vez más sanas, no les afectan tanto los desastres naturales o el hambre, y el nivel de libertad y democracia aumenta, la gente se preocupa más por sus derechos. Cuanto más próspera sea una generación, más se preocupará por los derechos humanos, los derechos de la mujer, los derechos de los animales o la degradación del medio ambiente. Quizá haya llegado el momento de repensar también la economía, porque las consecuencias pueden afectar asimismo a nuestra disposición para afrontar la próxima pandemia. Existe, por tanto, una interdependencia entre la salud humana, la salud de los animales (y de las plantas) y la salud de los ecosistemas. La estrategia One Health pretende poner a trabajar de manera conjunta a los profesionales de la salud humana, animal y del medio ambiente, porque todo está conectado.

Hace meses se hablaba del problema de la resistencia a los antibióticos como la pandemia del siglo XXI. Obviamente, no se acertó... de momento. Se adelantó de forma silenciosa y explosiva la COVID-19, pero el problema de la resistencia sigue ahí y todavía nos queda mucho siglo por delante. Es un problema del que estamos avisados desde hace años y cuya solución también pasa por la estrategia One Health. En 2014, la OMS publicó el primer informe mundial sobre la resistencia a los antibióticos: «En ausencia de medidas urgentes y coordinadas por parte de muchos interesados directos, el mundo está abocado a una era posantibióticos en la que infecciones comunes y lesiones menores que han sido tratables durante decenios volverán a ser potencialmente mortales. Los antibióticos eficaces han sido uno de los pilares que nos han permitido vivir más tiempo con más salud y beneficiarnos de la medicina moderna. Si no tomamos medidas importantes para mejorar la prevención de las infecciones y no cambiamos nuestra forma de producir, prescribir y utilizar los antibióticos, el mundo sufrirá una pérdida progresiva de estos bienes de salud pública mundial cuyas repercusiones serán devastadoras». El problema ya es global. Los datos cada vez son más preocupantes y demuestran la existencia de resistencia a los antibióticos, especialmente a los utilizados como *último recurso*, en todas las regiones del mundo. El abuso de antibióticos ha generado auténticas superbacterias, en las que coincide que son patógenas y además resistentes a múltiples antibióticos a la vez. El tratamiento de estas enfermedades cada vez se vuelve más difícil debido a la pérdida de eficacia de los antibióticos. Además, la resistencia a los antibióticos prolonga las estancias hospitalarias, hace que las enfermedades sean más largas, aumenta el riesgo de tener una infección invasiva, incrementa los costes médicos y aumenta la mortalidad. Muchas prácticas médicas actuales, como los trasplantes, la quimioterapia contra el cáncer o las cirugías mayores serían imposibles sin los antibióticos. Algunos han vaticinado que para el 2050 se esperan diez millones de muertes anuales atribuibles a la resistencia a los antibióticos y que esta será la principal causa de muerte por delante del cáncer. Se calcula que cerca del 80 por ciento de la producción mundial de antibióticos se destina a uso agrícola y ganadero. En muchas partes del mundo todavía se emplean antibióticos para el engorde del ganado. Los animales y las plantas pueden servir como almacén de esas bacterias resistentes, que son tremendamente promiscuas e intercambian sus genes de resistencia entre ellas a una gran velocidad. Las bacterias resistentes a los antibióticos circulan, por tanto, en el ambiente, los alimentos, los animales y nosotros mismos. Por eso una aproximación de tipo One Health es la única estrategia que puede llegar a evitar que la resistencia a los antibióticos acabe siendo otra pandemia del siglo XXI.

Como estamos viendo, la comunicación entre los expertos en sanidad humana, veterinaria y ambiental es fundamental. Es necesario impulsar y promover espacios de comunicación e intercambio entre los distintos profesionales por encima de los intereses gremiales. Hace unos años la aparición de una oveja infectada por fiebre Q (una zoonosis causada por la bacteria *Coxiella burnetii*) en una explotación ganadera en Alemania acabó en un brote con más de tres mil casos humanos, que se podría haber prevenido si hubiera existido un sistema eficaz de comunicación entre los servicios veterinarios y los de salud humana. También es necesario implementar esta visión global, multidisciplinar, en los planes de estudios universitarios: no sería tan complicado introducir al menos una asignatura sobre la estrategia One Health en la formación de médicos, veterinarios y ambientalistas. La medicina, por ejemplo, sigue estando muy aislada del resto de las disciplinas y a la vez muy compartimentada en su interior. Se debería promover esta visión conjunta de la investigación con convocatorias, congresos y publicaciones específicas, y, a nivel institucional, con departamentos o comisiones mixtas o interdisciplinares. La experiencia nos está demostrando que para el control de nuevas enfermedades infecciosas tenemos que considerar a la población humana como una unidad. Los problemas y los retos de salud son una cuestión global.

Un desafío ético

Durante una mesa redonda sobre vacunas contra la COVID-19, uno de los participantes comentó: «Nos interesan vacunas cuanto antes, pero seguras, según cuatro principios básicos: i) no hacer el mal, que lo que se haga no cause otros efectos peores, ii) hacer el bien, que protejan frente al virus, iii) que se cuente con la información y el consentimiento de las personas, iv) que estén a disposición de todo el mundo que las necesite».

Como ya hemos visto, en cuestión de unos pocos meses ha habido cientos de prototipos diferentes de vacunas y varias han pasado las fases de ensayos clínicos en un tiempo récord. Se ha acelerado el proceso de obtención de vacunas no solo por la urgencia sanitaria, sino también porque ha habido un aumento de inversión sin precedentes. Además, se ha favorecido la colaboración y los consorcios internacionales entre centros de investigación, Gobiernos y farmacéuticas. Las empresas han empezado a invertir, asumiendo riesgos, en los procesos de manufacturación de las vacunas, aunque algunas de ellas puedan fallar y no ser finalmente aprobadas, lo que implica poner en marcha plantas de procesamiento, encontrar suministros para la fabricación, envasado, etcétera. Todo esto puede hacer que en lugar de necesitar varios años para obtener una vacuna, esta se consiga en uno o dos. Pero las prisas no pueden ser excusa para saltarse los requisitos de seguridad: se trata de acelerar los pasos pero no de saltarse ninguno. Se necesitan vacunas que se puedan fabricar y distribuir de forma rápida, que sean seguras y que funcionen, aunque no sean las propuestas más sofisticadas.

Pero lo que es fundamental en todo este proceso es no perder la confianza de la población para no favorecer los movimientos antivacunas. Por eso es importante una total transparencia que asegure que solo se autorizan las vacunas por criterios científicos. De cómo lo hagamos ahora puede depender la confianza futura de la población en la vacunación. La investigación científica durante momentos de crisis debe tener incluso mayores garantías éticas que en situaciones ordinarias, debe estar al servicio de la humanidad y no guiarse por intereses comerciales. Se deben tener todas las aprobaciones necesarias para hacer investigaciones con seres humanos, respetando siempre su dignidad y cerciorándose de obtener el consentimiento expreso de estos. Además, sus beneficios para la salud deben ser accesibles a todos los afectados por la pandemia. Un principio básico de justicia y equidad exige que cualquier persona tenga acceso a cualquier tratamiento sin restricciones, limitaciones o discriminaciones de ningún tipo. Lógicamente, las empresas que desarrollen terapias o vacunas querrán recuperar la inversión realizada y obtener su beneficio correspondiente. Es legítimo que sea así. Pero tanto el precio de venta que se fije como el sistema de distribución deben permitir que sea accesible y asumible por todos los sistemas de salud de todos los países del mundo. Hay que conjugar la legitimidad de vender la vacuna y obtener beneficio por ella con la obligación de que esta pueda llegar a todo el que la necesite. Por ello, la industria farmacéutica debe acogerse a unos estándares éticos muy altos, más que en cualquier otra industria. Los países en mejores condiciones deben ayudar a los más desfavorecidos: no se pueden cerrar fronteras al conocimiento y a la ayuda internacional. La salud sin fronteras y sin ningún tipo de discriminación es un derecho fundamental.

Las guerras, los campos de refugiados, la corrupción política, el subdesarrollo, la falta de recursos, de educación y de un sistema sanitario robusto son el mejor caldo de cultivo para que virus y bacterias patógenas se distribuyan entre nosotros. Las últimas grandes epidemias de ébola, zika y coronavirus que surgen en África y Asia nos enseñan que el peligro ya es global y que la ayuda internacional es esencial. Si no queremos que estos peligros se extiendan más allá de donde se originaron, es prioritario atacar a los virus en el origen. Se trata de invertir allí para prevenir también aquí. Es necesario ayudar a otros países a tener una estructura sanitaria adecuada. La ayuda internacional no consiste solo en enviar guantes y mascarillas. En la medida en la que seamos capaces entre todos de mejorar las condiciones sociales, económicas, educativas y sanitarias de países en vías de desarrollo, se evitarán episodios tan dramáticos como los que hemos vivido. Hemos visto que, desde el punto de vista epidemiológico, lo más importante, lo primero, es romper la cadena de transmisión. Para eso es necesaria un intervención inmediata y urgente. Ya con la crisis del ébola se sugirió que había que invertir en un nuevo *ejército* de médicos, sanitarios e investigadores con hospitales, terapias, vacunas y laboratorios en vez de misiles y tanques. De la misma manera que existen los cascos azules de la ONU como un cuerpo militar de élite encargado de crear y mantener la paz en áreas de conflicto, se trataría de crear un cuerpo internacional de intervención rápida capaz de controlar una amenaza sanitaria global donde ocurra. El enemigo ya no es nuestro vecino, uno de nuestra misma especie. Es algo mucho más sutil e invisible, y es capaz de paralizar todo el planeta. Para combatir esta y futuras pandemias tenemos que apostar por el conocimiento, la ciencia y la investigación y por la colaboración entre organizaciones públicas, privadas, civiles y filantrópicas. La colaboración público-privada es fundamental. Hay que superar esa anticuada y paralizante obsesión de enfrentamiento entre lo público y lo privado. Ningún Gobierno democrático puede por sí solo, sin la colaboración de los sectores privados, desarrollar un fármaco o una vacuna en un tiempo récord (algunos países como China, Rusia y Corea del Norte sí son capaces, pero ahí ensayan las vacunas con miles de *voluntarios* de sus ejércitos). Asegurar el acceso a la sanidad y a sus recursos de todos los ciudadanos sin discriminación alguna no solo puede ser compatible con la colaboración público-privada, sino que es la solución.

En circunstancias como las actuales, en medio de una crisis pandémica mundial, es más necesario que nunca ese principio ético básico de hacer el bien y evitar el mal que se aplica a toda actividad humana. Por supuesto, a la empresa farmacéutica que fabrica las vacunas, que debe regirse por los principios de justicia, beneficencia y equidad. Pero también al investigador en su laboratorio, para trabajar con veracidad y evitar el fraude en sus experimentos; al gobernante o al político, que debería anteponer el interés común al suyo propio con transparencia; al personal sanitario, que solo debería velar por sus enfermos y ser respetuoso con la dignidad humana; al periodista, al que le debería importar más la verdad que un buen titular y que debería proporcionar información oportuna, precisa, clara, completa y real; y, por último, al ciudadano, que con su actitud responsable debería seguir las normas que protegen a los demás y evitar así la transmisión del contagio...

Cada uno debe preguntarse cuál es la razón que le mueve en su actividad diaria. ¿Qué sentido tiene lo que estoy haciendo? Siempre, pero quizá más en tiempos de crisis, el fin último de nuestro trabajo diario tendría que ser el servicio, trabajar para mejorar el mundo, para servir a los demás, para hacer de este mundo un sitio mejor para todos. Trabajar más, investigar más, para servir más y mejor. Suena utópico, y quizá sea un sueño, pero estoy convencido de que estos valores de servicio, responsabilidad social, justicia y equidad, solidaridad y colaboración, transparencia y respeto a la privacidad son esenciales para salir con éxito de una gran pandemia mundial. En palabras del papa Francisco en la encíclica *Laudato si'*:

«Hace falta volver a sentir que nos necesitamos unos a otros, que tenemos una responsabilidad por los demás y por el mundo, que vale la pena ser buenos y honestos».